Introductorium in astronomiaz Albumasaris abalachi octo conti nens libros partiales.

Incipit liber introductorius in astronomiam Albumasar abalachi.

[A]Pudlatinos artium principijs que ars extrinseca prescribi solet librorũ in inicijs: non scripto vllo autentico ꝙ ego mea lingua inuenerim: sed doctorum tantũ sua cuiusqȝ sentencia paratur. Apud arabes contra duorꝝ siquidem primum nec aduertisse videntur vnq̃: tam ꝛ si particulariter vnq̃ ac sparsim assumãt: nostro tamẽ iudicio non parum necessarium. Scd̃m vero Cõmerticium quidez illis nec scripto dignum visum est tanq̃ egregium aliqd̃ inuente scripture cõmendarunt. Ab hoc igitur scd̃o genere huius operis auctor incipiens: septez inquit sunt omnis tractatus in inicijs Auctoris intentio: operis vtilitas: nomen auctoris: nomen libri: locus in ordine disciplinũ: species inter theoricam ꝛ practicam: partitiones libri. Que apud nos q̃nqȝ partito sufficiens operis videlicet tytulo: auctoris intentiõe finali causa: materia tractandi: et ordine que omnes fere tam tractatus q̃ materie omnis exordio ꝛ necessaria et sufficere videntur: suam tamẽ singul' reddit causam. Que cum ego prolixitatis exosus ꝛ quasi min' continentia: cum et hunc morem latinis cognoscerem preterire volens anĩo ipso potius tractatu exordiri pararem. Tu mihi studiorꝝ oĩm specialis atqȝ inseparabil' comes: rerumqȝ ꝛ actuum per omnia consors vnice misi memores obuiasti dicens. Quanq̃ equidẽ nec tibi pro a more tuo mi Hermãne nec vlli ꝯsulto aliene lingue interpreti in rerum translationibus abcecij sentencia quandã nullatenus aduertenduz sit ita tamen alienum iter sequendum videtur ne precuras. Prislior nõ qui librum hunc in arabica lingua legerit si in latina non ab exordio suo qua primum legentis intuitus incidit inceptum videat non industriam sed ignorantiã putans: et operis forsitan integritatẽ detrimenti: ꝛ nos deuie digressionis arguat. Parui quidem est ip̃m etiaz laborẽ tuo potissimũ instinctu aggressus sim: vt si quid ex hoc nostro studio latine copie adiciatur: non mihi maius q̃ tibi merita rependatur. Cum tu quidez ꝛ laboris causa ꝛ operis iudex ꝛ vtriusqȝ testis certissimus existas: expertus quippe nihilominus: q̃ graue sit ex tam fluxo loquendi genere quod apud arabes est: latine modi congruũ aliquid cõmutari atqȝ in his maxime que tam artam rerum imitationẽ postulant. His habitis ne longius differatur ab ipsius verbis tractatus inicium sumamus. Intentionis inquit expositio [...]i sũmam breuiter ꝛ absolute ꝓponens: discentis animum attentum parat [...]cilem. Utilitatis promissio laborem alleuans interdũ animi quendam [...]um adaptat. Auctoris nomen duabus de causis necessarium est. Tũ [...]s autenticũ reddat. Tum ne alij dum vagum et incerti sit nominis in [...]ascriptũ iniustaz p[...]rat gloriaz. Libri nomen intentionis testimonio

accedit. Locus in ordine discendi animũ discentis:quo lecto quid legendũ sit instituens ad disciplinarum intellectum non inconsulte dirigit. Scientie genus partici omniumcg numerus: z ex ipso attentum iter reddit z dociles. Qñ ergo inter oẽs huius artis scriptores nullus actenus inuentus est qui vel cõtradicentibus responderet :vel approbantibus argumentũ daret:ad hũc nec nullus qui plenarie scriberet artem . Nostra quidem in hoc opere intentio z illis resistere z his firmamentuz dare z integram diuino auxilio artem tradere. Unde non hanc vtilitatem consequi manifestũ sit:ne qui deinceps operam huic artificio dederint:quia diuersa ex diuersis operibus aminicula necessaria sint vel desistant vel deficiant. Quoniam igitur opus certis : z auctoris et libri nominibus confirmare necessariũ duximus hunc tytulum pscribentes dicimus. Introductorium in astrologiaz Albumasar abalachi. Qua de causa z post astronomiã in astrologiã pmo loco legend° sit in theoricam scz hui° artis partem principalr atcg generalr: editus octo partitionũ numero descriptus:quacg suis differentijs subdiuisa. Partitiõis prime capitula quincg. Primum de inuentione astrologie. Secundum de siderum motus effectu. Tercium de effectus qualitate. Qu artum de confir matione astrologie. Quintum de vtilita e astrologie.   Caplm primũ.

Rimuz itacg : que causa:qua ratione hoiem in terra positũ ad celestis consilia decreta scrutanda primum excitauerit: deinde prouexerit exponenduz videretur. Nec enim motu quõcg inprouiso aut repetina quorumlibet impulsione tñ iter arreptum:nec sine sũmo studior impendio transcursuz videtur. Partimur igitur omne siderum stellarũcg scientia gemina specie in motũ celestium ac motuũ effectus. Prima quidé species mathemathica vniuersalis sapientia vocatur. Integrã eteni perfecamcg tradit scientiam quantitatis et habitudinis circulor motuũcg celestium iñ se eiuscg primum:deinde ad alios tamen vscg ad terre globum Terre siquidez corpus rotundũ globosum:circulus supremᵒ diuina virtute perpetuo ambiens ceteros infra contentos suis cum speris die noctucg ab oriente per occidentẽ integro circuitu ouertit. Unde ☉ per diuersas terrap partes diuersis nationibus nũc eleuari simulcg occidere:alijs nunc ouerso sicg alijs diez alijs interim noctez esse necesse est. Circulorum etenim inter supremum z terrã motus alijs cum sũmo:alijs contra. Stellaris vero morᵒ omne genus fere contra. Supernor vero motuum quantitatis z qualitat̃ pars humanis sensibus patuit. Unde omnes sciencie primordium parte° rationi tribus ex locis computo proportione z mẽsura : argumentũ ner materia infert vbi qui huic sapientie non concedãt: z sensu debiles:z ‘ alienos esse: ɔsequẽs sit. ℂ Hanc igitur vniuersalẽ sapientiaz Ptho post hamũ quendã tradit i libro suo almagesti postcg z ego ait Alb·

in tabulis noſtris maioribus in fine richene elchebir celeſtium diſcurſus p̃
ſecutus ſum:nos quoq̃. Secunda vero naturalis in ſuo quidẽ genere non
minus vniuerſalis ſtellarum corpoꝛ naturas et ꝓꝓietates in ſe primo tunc
accidentiũ inferioꝛis mundi ducatu partim crebꝛis quibuſdã experimentꝫ:
ptim naꞇali ſpeculatione quadũ inſeqtur. Ex eo ſiquidẽ qui varios ſtellarũ
diſcurſus diuerſe elementoꝛ in reb° elementatis alꞇnationes ſolito certacꝫ
lege ⱬſequuntꝰ. Id non ſine aliquo naꞇali illarũ in his motu ſieri neceſſariũ
videtur argumentũ. Eſt igitur huius ſcientie pars que per ſe cõſtans parteꝫ
minus maniſeſtã ratio nature quodaꝫ ductu conſeqtur:vt qui huic ſcientie
ⱬdicant: nec multe eos in his experientie ⱬ rerũ nec parũ cõſcius eſſe conſtet.

Sol

℄ Partꝫ igitur maniſeſte lumina principalꝰ vbi oĩm celeſtium notabilioꝛa
ſunt certa gerunt ſigna:ac primo loco ☉:nemo ſiquidem ignoꝛat anni tpm
legittimos ſucceſſus elementa mõi vſitatꝫ alterationib° afficiétes oꝛdinatos

⊙ per circuli quadrãtes ictus atꝗ reditus ꝯsequi. Deinde per singulos etiaz
dies atꝗ horas non nihil noui varisꝗ motus in rerum accidentib⁹ ⊙ sequi
videm⁹. Quib⁹ siquidē oritur assentit: descēdit occidit: aiantib⁹: graminib⁹
metallis per singulos mot⁹ aerē terraz aquā: ipsoruꝗ nakas z stat: frigoꝛe
caloꝛe siccitate humoꝛe inƒ gñationis z coꝛruptionis: augmēti decremētiꝗ
alternationes alterat. ⊏Usꝗ adeo quidē mot⁹ etiaz tazi hoim q̄ ceteroꝛ
aialium primum ⊙ iter sequant. ⊙ siquidez oriente surgere: et progrediunt
ascendente cursu addunt: descēdēte minuūt: occidente reuertunt. Ac tāꝗ
mot⁹ absente duce gescunt: ad exituz illi⁹ iterū exituri. In graminib⁹ quoꝗ
⊙ virtus manifesta quoꝛ gñationes incrementa maturitas ⊙ maxime cōmittant apparet in quibusdaz manifesti⁹: vt in solsequio z elinofar herba q̄
arabes herba thelancianila latini necesse apiu vocant. na hec metalle natura hanc euadunt. Quedam enim absentia ⊙ coagulant. quedam radiis
confortant cuius virt⁹ manifesta in eliodropia gēma necnon quibusdā .v.
noibus ac margarit. In his igitur h⁹modi vis z effect⁹ solaris manifesti⁹.

Luna

¶Post folé D rerú teſtimonio acccedit . Nõnullis enim vel de vulgo haut
dubiũ eſt lunares acceſſus ad ☉ z receſſus orꝰ ſcz z occaſus: incremēta D
et decremēta auraruz marium in animalibus et graminibus et metallis
qualitatum et quantitatum motus comitari in menſtruis animalis ſubeſt
humoꝛ incremētis z decrementis mariſꝗ cottidianis:ſeu per ſeptimanas
lunationis acceſſibus z receſſibus. Nõnulli etiam numeroſis obtinent erperimentis er diuerſis D manſionibus diuerſa tempoꝛa varijs qualitatibꝰ
affici: vt er hac veteroꝛum er illa nubium er alia pluuiarum atꝗ id genus
¶Poſt ☉ et D ſtellarum oĩum tunc quidam affectus certi ſunt. pꝛeter qᵭ
vulgo nõ adeo ſunt vbi luminũ virtus apꝛobati:nequaꝗ tamen vel vulgo
ignotum eſt qualitates tempoꝛum inter augmenta z decrementa ſtellaruz
quadam in ☉ z D participatione alterari: quoꝛum motuum niſi hec partici
patio cauſa eriſteret:nec eſtas eſtate calidioꝛ nũꝗ fieret:nec hyems hyeme
frigidioꝛ. Certum igitur eſt quibuſꝗ nationibꝰ per omnia climata rerum
generationes z coꝛruptiones tempoꝛum alterationibus moueri. Alterationum auté huiuſmodi cauſam eriſtere ☉ z D ſtellarũꝗ aminicula. Pꝛimo
quidez anteceſſoꝛum lõgeue vite vigiliſꝗ indaginis erperimentis vſꝗ ad
poſteroꝛum memoꝛiaꝗ reſeruatis. Secũdo er eis que cõſtabat ad ea que
minus paterent cognata rerum collatione ingenium puehente. Cum itaꝗ
rationeꝛ quide m ingenium pꝛomptius concedat:erperimentoꝛum etiam
cauſas in rerum indagine nõ ineptas eſſe aſtruendũ videtur. Habet eni
omne artificium in ſuo genere de tranſactis ad ea que ſequũt erperimentoꝛum fidem. Sic equidez agricola:ſic paſtoꝛ:ſic naute ſuo quolibet officio
er quaruñdã ſtellarum locis hoꝛas comodas vel incomodas. Agricola
quidez ſementi et inſitionibus paſtoꝛ cõmiſcendis gregum armentoꝛumꝗ
ſeribus : ad conceptus ſtabiles atꝗ partus ſanos . Nauta nihilominus
ventos amicos atꝗ inimicos pꝛeteritoꝛum erperimentis pꝛouidet:quibus
omnibus ſtabilis et ſerioſe indaginis per elementoꝛum motus tempoꝛum
alterationes ☉ et D atꝗ ſtellarum curſus erperimenta fidem faciunt. In
inſitione ſiquidem er hoꝛa tempoꝛumꝗ inſitionis pꝛenoſcit agricola inter
arboꝛum genera: has incremento addere: illas fructus accellerare: alias
frucribus indulgere:alias aliter atꝗ aliter. A quo ſi tãꝗ argumenti locũ
erquiramus erperimentoꝛum vſum nihil ambiens pꝛetendit. Hanc ſecus
obſtetricũ vaticinijs:quibus erperimenta fidem gerunt. Pꝛeſciunt ſiquidē
erperto pꝛimum vtrum ne grauida ſit. Secundo ſeru diſcernunt:deinde z
er pmogenitis quos partus virginales vocant. Utrũ ne amplius ea mater
paritura ſit pꝛeuidentes ipſos etiam partus futuros pꝛenumerãt. Habita
nanꝗ ſuſpitione pꝛegnantis cum id erperimento diſcernendam fuerit ma
millarum capitella notant. Que ſi ſuffuſa et amplerata videntur: ipſaꝗ

lusposon   i   a ̸ ̸

colore variato:oculis profundis:acie oculorum acuta:albugine plena atqʒ
turgida:grauidam esse ratam habent. Ad sextum discernendum. Utrum
pregnantis tractant quem si plenum rotundū/abilem durū senserint:ipinqʒ
colore mundo masculū predicant:oblonguʒ laxum ineptuʒ ipsamqʒ colore
maculato femināitestantib? māmillarum capitellis in masculo ad rubium
in femina ad fuscum colorem ꝺtrahentibuſ. Alio quoqʒ modo accepta eni
inter digitos lac pregnantis si spissium viscosumqʒ sentitur masculi signum
rarum ꝫ liquidum femine. Item alio:lac nancʒ pregnantis speculo ferreo
superfusum siccʒ ad radios ⊙ equabiliter locatum. Si per horam confluit
in similitudinem vnionis masculum fert: diffluens et expansum feminam:
Pariente vero qʒprimum proles supra terram decidit ad caput infantis re
spiciunt:qʒ si pilorum congeriem quasi cirritim videant masculū deinde pa
riturum presciunt. Siccʒ geminis cirris gemellos. Nam ꝫ domini fortune
prospere signum apud illas:quotiens cum folliculo sano partus egreditur
deinde future generationis numerum metientes folliculum infan̄t primo
geniti vulue matris inherentem anteqm soluatur pertractant: in quo quot
tanqm noꝺos seu quasi calculos inueniunt:tot partus futuros numerant:
quibus non inuentis nihil deinde parituram prenoscunt:nihil in horū ali
quid dubitates nisi forte prius aborsu confusa fuerit. Ad hunc itacʒ modū
cum vulgaribus ingenijs experimentorum vsus tante sit auctoritatis: tum
apud medicos etiam experimentoꝛ certitudine firma cure sue prouidentia
est. prouident hi quibus firmior eius artis experientia est:inter naturalia ꝫ
circa naturam:per anni tempora:terrarum climata: quoddam humorum
genus in corporibus humanis. Ceteris autem cui ceterorum parti vsqʒ ad
quantum preualeat:deinde quid cui salubre quid noxium ipsius etiam in
cōmoditatis corporee augmenta detrimenta statuʒ alterationes:iuxta qd
cuiusqʒ naturaʒ eorum que nature contraria sunt passiuam vident non na
turalium inter vtrunqʒ genus mediante collatione:certis terminis metiunt
Id autem est per ipsas alterationes elementorū motus: alterationum mo
tusqʒ causas vires stellarum:non motuum experto memorantes vim ⊙ ca
lorem:vim ☽ humoreʒ:motus vtrorumqʒ stellarum et siderum cum his per
mixtionem. Hoc ergo artificioꝛ genus quanto vulgaribus dignius:tanto
huic nostro ꝓpinquius. Est aūt medicine in parte dignior officium. Primo
corporum materias elementorum scʒ naturas subtiliter perspicere: deinde
in corporibus seruata proporcionabilitate cōmiscere:cōmixtionum demuʒ
ex natali necessitatis accessu atqʒ recessu accidentiū motus tractare. ¶Of
ficium aūt astrologie in parte scꝺaria ex motu stellarum elementoꝛ mot
temporumqʒ alterationes atqʒ tum mundi ipsius tū partium eius:hic gene
raliter:hic specialiter metiri accidentium motus. Et igitur medicus sensibi
libus primū experimentis instructus:deinde ad nature ꝓprietates ꝓuectus

speciex hanc calidã hanc frigidã ficcamcp vel humidã morboz huic vel illi
ratum habet accomodã:fic aftrnlogus ex fenfibili quadam experimétozũ
inftitutione ad naturales celeftiũ corpozũ prouectus. Solem calidaz:lunã
humidaz:ficcp ftellarum z fiderum cuiufcp vim z naturã effectuum ratione
certam habet. Itacp vulgaria quidem artificia particularia. Medicina ve
ro z aftrologia magis vniuerfalis videret.eo cp fui quecp genéris integrita
tem amplectit:nifi cp aftrologia tanto altiore quanto materie digniozis eft
eftimamus. Medicina fiquidem in elementoz naturis z in alterationibus
corpozũcp ex eius compofitione ftatu z accidentibus exercitat : aftrologia
vero in celeftiũ corpozũ motu z naturis atcp per mundum inferioze effecti/
bus tota confumit. Medicus quidem elementoz alterationibus operam
dat. Aftrologus ftellaruz motus fequit elemétarie ad alterationis caufas:
Sic igitur z omnibus artificijs fiderum ftellaruz fcia. quantũ celeftia terre
nis preftant z genere nobilior z dignitate celfior inuenit. Que cum ita fint:
quid terreat fapientem vel ftellarum motus fectari vel motuuz effectus fpe
culari vbi cum antecefforũ crebzis experimentis philofophozũ acutis affer
tionibus ftellarum motus iuxta naturas earundé mundi accidentia con/
fequi ratum habeat.Quando ex celeftium confilijs rerum generationes fi
ue corruptiones imminere videat tanquã aliqua reuerentia retenta vel cre
dere non audeat cp certũ habet vel enũciare vel palam monftrare poteft
Quemadmodũ enim elementoz motus tempozũcp alterationes atcp gene
ratia mundi accidentia.celefte confiliũ palam fequunt Sic fingulos etiam
quorumlibet indiuiduorum per omné mundũ inter generationes z corrũ/
ptiones augméta z detrimenta omniũcp alterationũ motus ex eadem ori/
gine ordinari familiar toti° ad partes cognatiõis ratio habet Que omnia
experimentoz primum fundamento pofito:cognata collatrix ftudiofa in/
dago tandem confecuta eft:vt fi quando vel his intercitat error non artis
integritas:fed artificis ignozantia potius feu negligentia arguat. Reftat
enim artis profeffor qnociens artificiũ fufceperit vt ftellarũ fiderumcp mo
tibus locis per gradus z puncta naturis etiam z affectionibus omnino in/
ftructus accedat :nihil intermittens de rerum naturis qualitatibus ordin i
bus habitu locis tempozibus:aptitudine ftellarũ habitudini apportionata
Quibus fiquidem defuerit imperfectũ aliqua in parte labi nihil mirum eft.
Hic igit error vnde caueri poffit infinuemus.Uidet enim duabus de cau/
fis principaliter incidere:tum ex parua cognitione rerum habitudinis in
quibus iudicanduz eft quid rerum an fiderum afcribat.Cum ex minus fa/
na celeftis confilij conceptione:vnde plerũcp permixtio confufiocp ducatuz
accidit ne leuiter elegi poffit quem pre ceteris fequamur . Que cum ita fint
nec in hoc nec in alijs artificijs que ad prouidentiam pertinent qui omnia
confequi non poteft pars quam obtinuerit relinquenda eft. Modice nãcp

sciétie no n modica plerúcʔ fruges est maxime in euentuú prouidétia . Ui-
demus aút z medicos z alios id genus in suo quoscɓ artificio nónuncɓ de-
cipi. Nec t amé ideo vel opem ipsorum recusari vel artem displicere : quácɓ
aliorum artificium error quá astrologi in curia ad pniciez procliuior. Me-
dici siquid é fallacia mortis sepe causa fit : subaud naute interitus astrologi erroré ad maximú sepe in scientia reprehensió consequit. Cum igit ex ar
tis huius z veritate maius cómodum z fallacia minus incómoduz sequat.
Nec displicere cuicɓ arté conuenit: z professoribus súmope studendú ne ob
culpá cuiuscɓ ars innocés infesta reddat.

Capľm secúdú. De siderú motus effectu.

Unc astror effectus speculari conuenit præmisso quod in omni tractatu fieri debet vt inter inicia disponat id de quo agat
Sequimur a primordio tractatus stellarum ducatus p mun
dum inferioré ad omné rerú generationé z corruptioné suc
cedit speculatio sideree nature omniscɓ habitus z affectionis
Cohercemur aút quatuor terminis omniú rerú sciétiam cir-
cústantibus. Prim° quidé quo querit inuentú ne est cɓ tractat nec ne. Secundus quid. Tercius quale sit. Quartus quare. Omnis ergo inuentionis
origo prima sensuú est: mouit enim sensus opinioné. Unde ad rónem intel
lectu dicto fit ascensus. Est ergo vt docuimus innétionis astrologie. prima
causa visus. secunda ratio consecuta est vt hinc etiam ad alium quédam ce
lestis secreti intellectú artis perfectio conscendat'. ⊂ Omnis vero philoso-
phie supernecɓ indaginis auctoritate z ratione constat substantiá stellariú
corporum nec ex aliquo elemétor huius mundi effectá nec ex pluribus vel
omnibus congestam. Si enim ex his elemétis esset eam elemétarie prolis
necessitates cósequerent: generatio corruptio augmétatio diminutio resolutio ceterecɓ id generis alterationis: que cum illic aliena sint tam circulor
celestium cɓ stellariú corporú substantiá ex quinta quadá alia natura con-
sistere ratio concludit. ⊂ Qualitas aút eorum corporú in forma est . Sunt
enim corpora sperica. perlucida naturali motu degentia. Quorum motunz
ea necessariá intelligimus causam vt superioris essentie, motus inferiores
naturas agendo misceret. Que cómixtio ad omné generationé necessaria
erat. vnde philosoph° tandem intellexit inferioré mundú supiori necessita
te quadam ligatum qui naturali quodam motu voluit: habenté húc trahe
ret. Superior etenim mundus inferioré perpetuo ambiés cum sibi alliga-
tum trahat motus mundi materias agitans actus z passiones miscet gene
rationum omnium causas. ⊂ Motus aute celestibus non nisi circularis
aptus erat. Nec enim perfectus est nisi circularis qui cum causa principio
quá fine careat: nescio qua parte quieté admittat: alijs nácɓ motibus cum
sic principium z finé habent quo cum pueniant sistere necesse sit. ⊂ Inferio
ris auté mundi corporum duo sunt motus alter rectus finem habens quo

cum perducant:ſiſtant vt ignis τ aeris ſurſum terre τ aque deorſum. Alter
vo circularis qui reſolutiones atcp alterationes ex alteris i altera rurſuſcp
ex illis in hoc circumagant. Hunc itacp motum ambientes mundi motus
trahens in rerum generationes τ corruptiones agit. Sunt enim generatio
nes in elemeutis.i.potentialiter potentia reſolutio vero ex alteris in altera
genituram actu inſtaurat.verbi gratia. In ligno fumus potētia quē ignis
in lignum agens actu ipſo gēnerat.:haut ſecus generatio quidem τ corru
ptio in elementis potentia quas motus ſiderum elementa alterando in in
inuicem reſoluens in rem ipſam producit. Omnium autem huius mundi
corporum alterius in alterum actus bipartitus reperit:aut amborum con
tactu:aut inter vtrucp mediante aliquo. Contactu quidem vt ignis in mate
ria exuſtionē facit:mediante vo alio tripartitus. Primus arbitrio vt cum
mouet alterū ab altero per mediū vtrucp extremorū ſimul contingens : aut
inter vtrucp intercedēs.:Secund' natura:vt cum ignis aquaz mediante ca
lore calidam reddit. Tercius intrinſeca proprietate quadam:vt ſcilicet la
pis magnes ferrū trahit p mediū aeris interuallū:eo cp lapidis id agēdi vir
tus ineſt τ ferri natura eius actionis paſſiua qd nihilominus ſit vel alio cor
pore interpoſito vt lamia cuprea atcp id genus ſed τ ctactu accidit cp dū la
pis ferrū trahit τ materiā aliā plerūcp ferro coherētē trahi: hiccp modus al
terū in alterū nature pprietate quadā agēdi in multis taz herbis cp lapidi
bus inuenit vt coloſoniū ignis oleum.i.ebriter olite nouit. Hoc igit modo
celeſtis eſſentia in inferioris mūdi naturā agere oino videt. Quoniā τ illis
nature nec huiuſmōi virtus ineſt τ hui' natura eiuſmodi virtutis receptiua
ex quo actu τ paſſiōe mūdi nā pmixtio ſit generationū oiuz mat. Cum igit
aſtra generationis rex cauſa ſint:ea generationis eiuſdē ducatū obtinere
cōſequēs eſt. Sunt vero nōnulli qui quod ab alio quodcp propter aliud ſit
idem putant nec quiccp' ab alio per diſtantiam interuallum ſieri poſſe au
tumāt eē quos ſunt huiuſmōi mottuum tres diuerſitates . Primum cp facit
ſecūdū cp faciēte ſit:terciū cp ex aliquo cſequit. Facere vo duob' modis ar
bitrio τ natura:arbitrio vt ire ſtare ſedere. Natura vt ignē vrere. Fieri cp ſi
milit' arbitrio itez τ neceſſitate:arbitrio vt lfaz ſcribere. Neceſſitate vt mate
riā igne aduri qd vo propter aliud ſit ab his diuerſuz. Nec eniz faciēte alio
ſit:ſed alio precedente nec quadā cognatrice conſequit verecūdia ruborē :
timorē pallor. Muſica modulamina animi corpiſcp mot'conſoni : ad hūc
ergo modū celeſtia corpora cū ſup hūc mundū motu naturali ferunt conſe
quunt alligati ſibi inferioris mūdi elemētoz mot' naturales : generatiōes
rez τ corruptiōes producētes:exēpli gra:Sole primi circuli quadrātē p agrā
te elemēta calidis τ humidis qualitatib'tpari videmus. Siccp terrā τ arbo
res herbis τ folijs veſtiri:floribs ad ornari:rexcp aliarū corruptiones aliaz
generationes atcp ad hunc modū:nō ex ſolis aliqua deliberatione ſed di
uinit' iniūcto officio eūdi p circulū rexcp natura eiuſmoi motib'ad apta eſt

ꝑoſtremo philoſophi ſermoné ſubiungim⁹ qꞇoniā circulus moueꞇ cauſaꝫ
mouenté habere neceſſe eſt:quā niſi intelligamus ad infinita deducemur:
circuli vero motus infinitus ꝗꝓpter virtuté mouenté infinitā eſſe cúꝗ in
finitā ꞇ incorporeā.Sic igiꞇ cauſam omnis alterationis ꞇ corruptionis ex/
traneā eſſe cóſequés eſt.

Capitulú tercium De effectuú qualitate.

Uatuoꝛ ſunt genera extra que nulla inferioꝛis múdi rerú ſpe
cies ꝗb⁰exponiꞇ⁊ facile pateat qᵭ ſideꝝ vires de hui⁹ múdi
accidétib⁹eligeriꞇ:Sút aút hec: foꝛma:materia:cópoſitio:có
poſituꝫ.ꝒUtemur igiꞇ loquédi apud pꝪos viſitato mõ quo
foꝛmā humanā dicút eā qua oé hui⁹ſpeciei indiuiduú hoc di
ciꞇ equina equ⁹. Materia vo ſeu natura ꝗterna: terra:aqua
aer:ignis.Cópoſitio aút elemétoꝛ incoꝛpib⁹armonia. Cópoſitú vo ꝗ hui⁹
modi cópoſitione effugiꞇ qualla ſút oīa animátiú germinú metalloꝛꝗ coꝛ
poꝛa. In oíb⁹igiꞇ coꝛpib⁹his que ſentim⁹quatuoꝛ hec genera inueniút.pri
mú ꝗ cópoſitú eſt:ſecúdú cópoſitio.terciú natura. quartú ſpecies:his ita có
poſitis cú pꝪi ſermoné ſubiungim⁹:ois geniti genitricé eam antiquioꝛé cé.
genitúꝗ ad eſſe depꝪéſtioné ducere:verbi gꞃa. Suſtento ſuſtinés antiquⁱ
vt terra terrenis coꝛpib⁹. Sic ergo cópoſitis túc materie antiquioꝛes ſint.
Erút quidé genera ꞇ ſpés aīaliú germinú metalloꝛ in natura potétia actu
uero Landé vt cópoſitio ſucceſſiꞇ Nec vero cópoſitio niſi cóponente aliquo
cúꝗ modo veticu ꝯe cópoſitú ſui cóponés aut ſibi materia ſit que cú ita ſint
eſt habere genitoꝛé:omne genitú oéꝗ cópoſitú cópoſtoꝛé diſcernenté iꞇ
genera ꞇ ſpés omniú. Hinc ergo cóſtat opificé genitoꝛé ꞇ diuerſitatis dein
de ſideris motibus nature ducatú cómédaſſe.Leleſtis ſiquidé motus vir/
tuté cópoſitióis huiuſinõi atꝗ differre cám eé ex antedictis collectú eſt:ſo
lo ꝗ in cópoſitione indiuiduarú atꝗ differétijs ſpecierú ꝓpoté́te vtpote aīe
coꝛpiſꝗ ſpáliter armonia cóciliáte. Lú igiꞇ omne cópoſitú ex foꝛma ꞇ mate
ria conſtat.Foꝛma tꝰ pꝛioꝛ quaſi cópoſitis ad apta ſibi materiā exquirit vn
de in pꝪia foꝛma quidé artifici:materia vo inſtruméti⁹ compaꞇ. Ut enim
diuerſi artifices ſuis quiꝗ inſtrumétis opanꞇ nihil alienis egentes. Opus
aút nõ inſtrumétis ſed artifici aſcribiꞇ ſic diuerſe foꝛme nec hoc belua:auis
ꝗ enim de natura homini aptum alienú eſt belue. Sicꝗ aliud belue aliud
aui. Aſſumit enı humana foꝛma de naturis calidum humidú ſicꝗ de cete
ris ꝗ ſubtilius aptumꝗ recipiende anime rationali motibuſꝗ erecte ſtan
di ſedendi atꝗ id genus. Foꝛma vero calidum ſiccum vnguibus dentibus
barbatibus atꝗ aſperitati aptum:beſtie foꝛma frigidum ſiccum calci vngu
lis atꝗ tibijs idoneum.ſicꝗ omnis foꝛma ꝗ ſibi de materia patiente con/
gruum eſt trahit. Ita ergo omne compoſitum nõ materie ſed foꝛne aucto
ritate pꝛincipaliter aſcribiꞇ. Hinc igitur vt cognitis omnibus que in rebus

compofitis huiufmõi principia pariũt facile ītelligaꞇ quid aliũde obueniat
ꝙ ſtellarũ virtuti relinqui neceſſe eſt.ⅭⱣrimo materiarũ quatuoꞇ ꝓꝓrie/
tates tribus differētijs diſtinguimꝰ.ⅭⱣrima eſt qualitatũ cõtrarietas vt
caloꞇis ⁊ frigoꞇis.ⅭЅecũda eſt alteriꝰin alterũ reſolutio:vt terre in aquaꝫ
aque in aere:aeris ī ignē:ſicꝫ ecõuerſo.ⅭⱢercia eſt augmēti detrimētiꝙ
receptio.Eſt enim aeris pars parte humidioꞇ::erre ꝑs ꝑte ſiccioꞇ.ⅭϜoꞇme
quoꝙ tres alie ꝓꝓriet ates ab his diuerſe.ⅭⱣrima ꝙ nulla foꞇme ineſt cõ
trarietas nec homo in eo ꝙ rõnalis moꞇtalis eſt rõnali vel moꞇtali conſtat
cõtrarius.ⅭЅecũda ꝙ nõ reſoluiꞇ altera in alterã:vt homo nũquã ſit aſi/
nus.ⅭⱢercia ꝙ nec augeri nec detrimēti capaꞇ:nec eni homo hoīe magi
minuſve rationalis v꞉ moꞇtalis:his igiꞇ omnia oībus coꞇpoꞇibus eꞇ his ī
eſſe principijs cognoſcimus ꝙ in rebus contrariũ reſolutoꞇium creſcēs de/
creſcens reperiꞇ.vt homo nũc calidus nunc frigidus nunc eꞇ calido in/
frigidũ trãſiens nũc magis nũc minus calidus vel frigidus eꞇ materia eſt.
ꝙ vero oppoſitum his in ſuo genere eꞇ foꞇma eſt:ꝙ itaꝙ nec eꞇ materia eſt
nec eꞇ foꞇma ineſt:tamen quia nihil eſt cuius oꞇtuꝫ legittima cauſa ⁊ ratio
nõ ꝓcedat nec ꝓter hoc in inferioꞇi mundi parte quicꝙ ꝙ cauſe locum
optineat ſupſtes id celeſtem potentiã cõſequi neceſſe eſt. Ꝺd aũt eſt ut ge/
neris a genere ſpeciei a ſpecie indiuidui ab indiuiduo diuiſio ⁊ diſtãtia vt
anime coꞇpoꞇiſꝙ armonia aliaꝙ accidētia in umera:vt ſeꞇus:diſcretio foꞇ
me: ⁊ habitudinis decoꞇ vel turpitudo ſtature īequalitas:varij coloꞇes:di
uerſi moꞇes :atꝙ id genus.Omne igiꞇ indiuiduũ eꞇ tribus principijs cõſtat
ꝓpꞇietatibꝰ foꞇme proprietatibus materie ſiderum effectu .Ea ergo que
ſm effectuꝫ adueniũt:diuerſos eoꞇ ducatus ſequunꞇ: alios proprios alios
cõmunes:vt ſol duꞇ ſingularis vite generalis omniũ animãtium: mercuriꝰ
hominis.Ⅽum itaꝙ ſtelle rerum ſingnlaris ducatus cõceſſum tamē in cõi
bus officiis aliarum participatione aſſumit vt hominis vniꝰ generalem
ſubſtantiaꝫ ſol ſingulariter ducat ſpecialem.Ɱercurius tamen in cõibus
perficiēdis ceterarũ cõſilia aſſumit.Erit ergo ſolis in vno homine ꝓprius
ducatus ſubſtãcie animalis.Ⅽõmunis vero coꞇdis ⁊ cerebꞇi .Ɱercurij ſin
gularis ducatus ſubſtãtie humane cum participaꞇione vero oꞇis ⁊ lingue .
Luꝫ cereris in participatione aſſumptis:ſaturno ſplen:ioui epar:marti ſan
guis:ſicꝙ cetera ceteris cõcedũt ſic in omnibus coꞇpoꞇibus ſuas quicꝙ par
tes omneſꝙ proprietates ⁊ accidētia gemino ducatu vēdicãt: que ſi eꞇ di/
uerſo ducatu nõ cõſiſterēt nec eꞇ diuerſis ea partibus qualitatibus ꝓprie/
tatibus aut accidētibus cõſtare poſſibile eſſet.Ⱨũc autē in rerũ ducatu eſt
ſtellarũ:alij genus:alij ſpecies:alij indiuiduũ tempoꞇ alijs atꝙ alijs qua'i
tatũ quãtitatũ ceteroꞇꝙ accidētiũ aliud atꝙ aliud cõcedat.Ⱨinc eſt ꝙ cõ
templacionũ etiã in indiuiduis ipſarũꝙ naturaliũ proprietatuꝫ alias aliis
ꝓeeſſe videmꝰ:ꝙ nequaꝙ materialis foꞇmaliſve potēcie ſed ſideree virtut꞉

intelligũ . Nõ ɔnaturalis ſibi alicuius ſeminis ſorigine ſed archane cuiuſdã
propzietatis motu. Sũt enim qui putant nihil niſi ex nature ſue ſeminis re
ſolutione pzocreari contra quos eſt bipartita pzocreandi lex. Cum eni om
ne cozpus ex quatioz elemẽtis compoſitũ cõſtat : aliud tamẽ ex genere ſui
ſemine origine ſumpta in natura ſua pzocreaf vt homo ex homine in homi
ne. Arboz ex ramunculo inſita: ariſta ex grano recepto: aliud ex aliquo ſui
ſemine genereve ſuo: ſed materie coeũtes pariũt gramina arbuſta idçз genus. Semine quoçз ceteraçз metalla que ex diuerſis vapozibus congelant
Animaliũ etiaз nõnulla tam ex aeris tam ex aquaticis z terreis: vt ſunt mu
ſce: rane: pulices: atçз id generis que omnia elemẽtozum quoſdam motus
tempozũçз viciſſitudines nõ ex aliquo genere ſui in natura ſua ſemine pzo-
creata ſequunt.

Capĩm quartũ. De confirmatione aſtrologie.

Is ad hunc modũ ozdinatis nũc in aſtrologia rõ danda ſi-
mulçз cõtradicẽtibº reſpondẽdũ videf. Sunt eni qui ſidereis
motibº vim z efficatiã negãt dece ſectis diſſidẽtes. Pzie qdeз
ſiiia in illũ penitº ſtellis ducatũ eẽ ad vllos effectus: aut cozru
ptiones rerũ mundi ſublunaris quibº ois antiqua auctozitas
rñdet. Ois ſiqnidẽ ſube gemino impulſu agitare motũ natu-
ralẽ in re altera cognatis vinculis ipſi alligata naturalẽ reſolutionẽ faciat
neceſſe eſt. Qf cũ ita ſit cũ motũ eiº reſolutõis cãm ipamçз eius cauſe effectũ
eſſe cõſequẽs eſt: hoc etenĩ modo ignis motus naturalis in materia cogna
te receptionis: naturalẽ reſolutionẽ facit exuſtionẽ dico . Eſt igif ignis qd
exuſtionis cã: exuſtio vo huius cã effectus. Ad húc itaçз modũ cozpa celeſtia cũ mundũ inferiozẽ gemina ambiant naturalẽ eoz motuз in elemẽtis
huius mundi naturaliter illis annexis circularis alterius in alteз reſolutio
generationis omnis z cozzuptionis nam nature cõſequif cum itaçз motus
celeſtis elemẽtarie reſolutionis cauſa ſit. Hec aut reſolutio effectuũ z cozu
ptionũ eoſdẽ etiã effectus z deſtructiones huios celeſtis motus cõſequi ne
ceſſe eſt. Qf eni alteriº cozzuptio idẽ alteriº eſt generatio: ligni ſiqideз exuſtio carbonis effectus eſt: carbonis cozzuptio cinerẽ generat. vñ apud phos
verbũ vſitatũ ſtellarũ naturalis ppetuus: nature effectus ppetuus. ¶ Secũ
de ſecte opinio: ſtellas ducatũ habere ad res generales atçз vniuerſales: vt
genera z ſpẽs rez: vt tempozũ alterationes : vt elemẽtoz reſolutiones atçз
id genus: nõ autẽ ad indiuiduas resve ſingulares earũve ptes. aut pzopzie
tates ſingulas. Contra quos çp in omni philoſophia ventilatũ eſt. Quoniã
omne huius mũdi cozpus ex quatuoz elemẽtis cõpoſitũ cõſtat. In omni ſi
quidẽ cozpoze ſentiunf ſtellarũ motus cum illis pfuerint z his peſſe habet.
Cũ enim motus celeſtes elemẽtarie reſolutionis cauſa ſint: reſolutio vo ge
nerationũ eaſdẽ generationes eoz etiã motuũ effectũ eẽ cõſequẽs eſt. Itẽ

quoniã nihil generibus aut speciebꝰcõuenit ꝙ indiuiduis alienũ sit cũ cõce
dũt aialis hois ve substantiã proprietates ꞇ accidẽtia ducatuꝛ necesse hñt
et socrij ꞇ tulij substantie habitudini coloꝛum habitudo affectioni ducatuꝛ
ꝗbere.cum ad oĩm genera ꞇ spẽs ducatum erigant. ⸿Tercia secta subtilio
ris opinionis:vel argumẽtoꝛ similitudine quadam omnẽ astrologie effica
ciam eripere laboꝛat ꝙ ex parte assumens stellis ad vtrumꝗlibet effectum
negat. Jd ergo cum assequi nequeat euenit vtroꝗ:in festo tanti laboꝛe fa
tigata deficiat. Nos enim exposita primuꝫ opinione eoꝛum quilibet negãt
eidem statim opinioni cõtradicẽtes vtrumlibet affirmabimus deinde stel
larum etiam motus ad vtrumlibet ducere demonstrabimus · Aiunt enim
qui vtrumlibet assumẽtes astrologiam inanem reddere conant. Quoniaꝫ
omnium huius mundi reꝛ tres modi sunt necessari:vt ignem esse calid:ũ
impossibile vt eẽ frigidum:vtrumlibet vt hominẽ scribere. Nec stellaꝛ effe
ctus vnquã visibilis esse potest. Astrologie officiuꝫ supuacuũ ꞇ inane. Huic
ppositioni cum nõnulli astrologoꝛ primi secundi ob minus firmam nisi co
gnitionẽ satis rñdere non possent cõclusionis in cõmodũ:diffugiẽtes indu
cti sunt:vt nihil vtrũlibet crederẽt. Sicꝗ dum minus fugerẽt in maius in
ciderunt.Cumꝗ alterũ alteri causa esset : gemino aggere errorꝛis cumulus
accreuit. Uisum est igit illiꝛ duos tantũ eẽ modos necessariũ ꞇ impossibile
Quicquid enim vt aiunt sic vel futurũ est inter sic ꞇ nõ est. Sic ꝟo ad esse nõ
autẽ ad non eẽ:eẽ igit necessarium est ꞇ non eẽ impossibile: esse namꝗ ꞇ nõ
eẽ contradictoꝛia circa idẽ simul nunquã vera:sed alterũ semp verum alte
rum semp falsum. Ꝙ ergo sic est necessariũ est ꝙ nõ impossibile· vnde nihil
hominũ deliberationẽ relinquitur sed vel ex necessitate coactos facere vel
impossibilitate prohibitos non facere. ⸿Quibꝰ phs obuiãs primũ verbosi
tate eoꝛ validis argumẽtis cõfutata argumẽtosaꝫ vtrũlibet affirmationem
subiungẽs ait. Omne vtrumlibet aut necessariũ quidẽ aut impossibile ꝯsequi
Cuiꝰ in vtrũlibet cõfirmationẽ hec argumẽtatio prima:quoniã ois necessa
rij ꞇ impossibilis cognitio naturalis:tribꝰtpibꝰdiscernet pñti pterito futuro
Ut ignẽ fumus ꞇ semp fuisse calidũ ꞇ eẽ ꞇ futurũ eẽ:nec frigidũ fuisse vnꝗ
nec vnꝗ futurũ. Accidẽtales ꝟo nõ ita:scimꝰenim hominẽ scripsisse vel scri
bere nõ ꝟo scripturũ scimus:fieri naꝗ potest scripturũ:fieriꝗ non scripturuꝫ
id ergo nec impossibile nec necessariũ:fieri namꝗ põt ꞇ non fieri. Est igitur
vtrũlibet.⸿Scõa argumentatio ẽ:necessariũ ꞇ impossibile in omni genere
ꞇ specie equaliter sunt.Dẽs siquidẽ homies equalir mortales totusꝗ ignis
e qualir nõ frigidus:vtrũlibet ꝟo nõ ita vt hõ ambulãs:homo nõ ambulãs·
Jtẽ nec necessariũ nec impossibile alterat:vtrumlibꝫ ꝟo mobile vt de motu
ad quieteꝫ ꞇ ecõuerso. ⸿Tercia argumentatio est:qꝛ in his que pponunt
quisꝗ primuꝫ cogitat ac consulit vtrum ne fauet aut vitet.Deinde quando
qualiter vbi atꝗ id genꝰ.Omnia primum cogitatione atꝗ imaginatione

prescripta:tum demū actu ipso deliberationē auctoris cōsequit. Necessariū
aūt z impossibile nec cōsilij nec deliberationis egent. Nihil eniz vllo studio
adiciente. natura ipsa dat certū igné cremare nec vnqz frigere vtrūlibet esse
cōsequēs est. ⸿Quarta rōcinatio est qz omniū necessario z impossibili vna
tm vis z simplex. Alteri quidē esse tm alteri vero nūqz esse. Rebus autez qz
plurimis vim geminā videmus vt esse vel nō esse:z ita esse aut nō ita:vt au-
ra nūc calida nūc frigida:nunc magis nūc minus est igit vtrūlibet. Qz ergo
philosophus diffinit. Omne vtrūlibet necessarium vel impossibile consequi
huiusmodi est. Quoniā omne qz in arbitrio z deliberatione est vt ire z non
ire:anteqz fiat possibile est. Factum vero necessariū:impossibile vero in pte
altera similiter. Cum ergo cōstet vtrūlibet cōstabit etiā sidera tribus rerum
modis ducatū prebere necessario z impossibili vtrūlibet:vt eniz omne huz
mūdi corpus ex quatuor elemētis cōstat in omni siquidē vt deinde est inueniunt. Omne vero elemētum z ex altero z in alterū resoluit z augmenti
atqz detrimēti capax esse necesse. Etiā ipsa corpa hominibus esse resoluti-
ua augmēti atqz detrimēti receptiua. Cum ergo sidera elementoz motib9
presint z corpoz alterationes ducere cōsequēs est:vt cum hec ex aīa rōnali
z naturis quatuor cōstet stellarūqz substātia vt philosophus intellexit vna
ex aīa rōnali motuqz naturali lege habent sui generis aīas cōfirmatas armonia sibi corporibus aptare in vtroruqz genitoris instituto. Itaqz vis aīe
rōnalis arbitriū z deliberatio.vis vo corporis ad vtrūqz procliua. Cum er
go sidera aīc corporisqz armoniā moderent tam necessariū z impossibile qz
vtrūlibet ducere cōsequēs est. Vt postremū hominis fatum vt ipsum vola-
tibus ineptum vt nūc sanum nūc egrum:atqz idē qz astrologie officiū maxi
me prestet. Nec enim astrologus prouidēdū assumit vtrū ne moriat homo
certū enim habet id esse ineuitabile:sed vtrū ne cras aut pridie. Cum igit si
derū ducatus rerū prouentus pcedant:ante quidē in sideribus potētia sūt.
Post euentū ad necessarij vel impossibilis terminos cōcedūt vt in igne an
teqz vrat vrere quidē potētia. deinde necessariū. Qz igit vtrūlibet bipartitū
est in deliberatione anime rōnalis z in nature compositione per temporuz
cōtinuationē mūdi vo elemēta huius secūdi receptiua:cetera oīa tā animā
tiū qz germinū metalloz ve corpora:ad hoc secūdū spectāt: solus hō vterqz
aptus ex primo.i.deliberatione rōnalis aīe corpisqz adapti motu secundū
vel cōsequet vel euitat. Nam nec sidereis corporibus licet rōnalis aīe deliberatio vel ad cōsequendū aliqd qz egeant vel ad effundendū qz timeant
necessaria. ⸿Quarta secta gradus celstoris ex his videlicet qui vniuersalis
sciētie operam dant:plane autumāt sidereis motib9rerū huius mūdi i illos
esse ducatus exceptis tēporū alterationibus quo cum incōsulte proferant
nec secum ipsi stare vident. Quis siquidē vim sidereā tēpoz alterationibus
prostituere possit. dum eam eis que tēpoz alterationes consequent eripere

conantur dicunt abſurdum eſt. Certum nanqʒ eſt nature conſcius: tempoꝛ
alterationes elementarie reſolutionis vomitem eſſe et cauſam. Illam vero
generationum omnium ꝫ coꝛruptionũ auctoꝛē. Sic ergo ſidereoſ motus a
ꝓpibus ad elementa: ab elementis ad rerum ꝓuentꝰ continuari neceſſe
ꝓeterea ꝙ in omni phia poſt ꝓimā illam hec celeſtis ſapientie ſpecies vſi̾
tata eſt: vniuerſi quidem philoſophoꝛum ſentencia ꝓime illius oēm fructũ
in hac ſcōa reſeruatũ. Quid enim aiũt ꝓodeſt, ſtellarum circuitus varioſqʒ
diſcurſus inſequi niſi ad quid tendant. Quo ne ducāt aſſequamur vnde hꝰ
modi honoꝛes recte aſſilari videnꝼ eis qui ꝓcioſas radices ꝫ ſemina rerum
ꝙ ſpecies vtiles inũtileſqʒ ſeruant bono quod habent vti neſciant. Qua de
cauſa in modica eos in ſcia reꝑhenſio ꝛſeqꝼur. Quo cũ due ſcientie ꝛtinue
ꝛnium totum componāt alteram ſeminant: alterā ignoꝛant. ¶Quinta ſecta
euſdeꝫ oꝛdinis de eis videlicet qui ꝓioꝛi ſcientie ſtuderent hanc ex toto in
ficiantũr: id in argumentum aſſumentes: quoniam nihil ratum cuius expe
rimentoꝛum vſus: fundamentũ mihi ſepius iteratum: idꝗ in ſidereis mo̾
tibus humane vite ꝫmpoſſibile eſt. Nullam enim ſtellam vt nunc in hoc lo
co reperiri poſſibile eſt: ergo aſtrologie ſtudium inefficax et inane. Contra
quos ꝙ antique ſolertie indago non hunc ope ſiderũ vires experta eſt. Eſt
enim celeſtis ducatus alter particularis manifeſtus: ꝫ alter vniuerſaꝉ. Par
ticularis quidē vt ☉ in caloꝛe: ☽ in humoꝛe: ſtellarũqʒ in cottidiana aurarũ
variatione. Uniuerſalis vero vt in reuolutione annoꝛum nati diuerſitatuꝫ
ducatus inter elementoꝛũ qualitates: earumqʒ temperiem: atqʒ mundi acci
dentia inter ſanitatem ꝫ egritudinem: foꝛtunaſqʒ hominis que licet minus
ꝛſtantia potuit tñ phs inter acciꝛtia mundi hoĩmqʒ negocia breuioꝛi ſpacio
experiri in varijs ſtellarum diſcurſibus per ſigna ignea terrea aerea aꝗtica
Sic enim agebant ꝫ in eoꝛum parte qui ſtellarum motus ſecuti ſunt. Nullꝰ
quippe ſtellaꝛum reditus ad .ↀ. veꝉ. ꝺ. annos expectabat: ſed qui vite ſuo
ſpacio ſtellarum loca obſeruauerat: ſcripto poſteris relinquebat. Trāſactis
dcinde aliquot annis: ipſe etas alia atqʒ alia ſtellarum loca reperiret inter
vtroſqʒ ꝙ locoꝛum tam tempoꝛum terminos dimēſio habita eſt. Sic enim
Ptholomeus acceptis ſtellarũ locis atqʒ motibus ꝥe quodaꝫ pariter cum
inueniendi ratione ꝫ ſuo ipſi ſtellaꝛ motus atqʒ loca rōnabilibus artificijs
renouauit: ꝫ poſtere etati cum ꝓbata ſeqꝼoꝛ deinceps viam parauit. Sic
ergo plus Ptholomeꝰ alioꝛũe quilibet accepta ſtella in certo loco: circulo
retrogradationis partem in loco notato circuli ex centris ſicqʒ dimiſſo ex̾
pectaret donec ad eadem pariter vtriuſqʒ circuli loca redirēt: cum in tantũ
ſtudium inſtauraret: nihil vnqʒ perfectum eſſet nec depꝛehenſi eſſet diuerſi
ſtellarum circuli circuloꝛumqʒ diuerſitatis abſides videlicet digreſſiones:
retrogradationes atqʒ id genus. Ad hunc itaqʒ modũ in noſtra quoqʒ ꝑte
ex locoꝛum per ſigna ipſarumqʒ ſtellariuꝫ virium parte: ipſum ꝛtinuatione

b

rōnabili ordine ad totam scientiam peruentū est. Cum etenim antecessorū
experimenta nonnulla ad posterorum memoriaȝ scripta perduceret postea
etas. Quocȝ tempore stellarum vires experiens paternūmcȝ inuentum ad
augens sequenti secundo nemorūcȝ inuenta relinquens. Si quid vtriscȝ de
fuerat preparata via facile complendū relinquebat. ¶ Sexta secta suo ipsī
errore in astrologie errorem seducitur. Sunt enim homines stellarum cō/
poto dediti qui dum a via almagesti libri qua vniuersalis sapientie veritas
integra continetur deuiantes ex particularibus stellarum collocationem
sumpta ex alijs atcȝ stellarum alia atcȝ alia loca reperiut errore proprio in
geminam astrologie blasphemiam inducunt. Altera quippe cp aiunt vera
stellarū loca raro posse inueniri: propterea cp vnde eorum collatio sumitur
tam in medijs stellarum cȝ rectitudine secundarum atcȝ terciarum sequen
tiunue minutiaruȝ augmēta siue decrementa longo tempore non parum
sub crescentia stellarum loca vel posse relinquet vel promouet. Altera vero
astrologici veritatem iudicij non nisi ipsa stellariuȝ punctoȝ veritatez con
sequi. Di ergo pprie Iusticie errorem arti innocue deputant quibus gemina
ratiōe respondemus. Primo loco cp astrologus ex stellarū proprietatibus
signorum naturis: domiciliorum affectionibus: cōmunia rerum accidentia
iudicat. Gradus autē singuli ad proprios magis singulariū rerum habitus
specie punctorum seu gradus etiam integri error et non multum impedit.
Secundo cp iudicijs quidem ex eo cp hec vel illa stellarum in hoc vel in illo
circuli vel signi fuerit loco id vel illud de rerum accidentibus consequi. Eo
vero loco certa veritate deprehensa trahere compotiste officium est. Vnde
cum astrologus pro locorum naturis stellarum affectus in rerum iudicijs
sequitur: si interduȝ fallitur non astrologi sed astronomi culpa videtur. Cp
hinc nimirum accidit cp hominum eius studij nonnulli generalis sapientie
veritate omissa cum ad particularia diuertuntur contenti plurimūcȝ fiunt
compoto quoli bet debilis radicijs: vnde ex longo tempore longum etiam
erroris impendium accrescere consequens sit. Vt hanc stellarum collocati
onem sumpta vel per signorum loca certa: vel per coniunctiōes aliquarum
determinata instrumentis veracibus: vel etiaȝ visu aliter esse deprehendaȝ
¶ Quapropter ȝ ipsis astrologis iniungiȝ? vt omissa vaga atcȝ incerta par
ticularis compoti autoritate stellarum tam errantium cȝ stabilium loca in
tegre sapiētie veritate qua almagesti certis dimensionibus atcȝ artificiosis
instrumentis firmat cȝ studiosissime sequantur. ¶ Septima secta scientiam
hanc ea de cā infestant cp cum ipsi eius officio studuerint nō omnes statim
qd affectant assequi valeant. Luncȝ desperati dessistant artis studio dediti
inuidiose detrahentes eos cp ipsorum inconstantie atcȝ imperitie desuerāt
a studij efficacia elōgant. Jd igitur cp obiciunt cum rationez approbandi
non habeant: vacuis sermunculis respondere: ȝ superuacuum est ȝ indignū

videtur. ⸿Octaua secta medicorum non eorum medicorū qui multaz eius
artis experientiam habeant. Jlli siquidez in arte sua non paruā astrologie
necessitatem experti:eam ipsi studio sponte preferunt:sed plebei quidez me
dicine professores:quib᷑ vt Juliano verbo vtamur facilius quis medicinā
adiuuat q̃ astrologiam concedat,. Di ergo aggresti ducti nihil expetendū
preter opum sarcinas omnino annunciantes:dum astrologiaz degradare
laborant omne studium lucrandi z conseruandi facultatibus postponunt
Vnde proprio testimonio tribuunt tam artis sue ignaros q̃ ceteris omnibus
scientijs alienos mentisq̃ inanes:more iumenti ad esum pro infortune voti
deditos. Si enim in arte sua quam profitētur noti essent: nec astrologie su
imam opem ignorarent: quod Ypocras attestans in libro quodam. Post
cetera que diximus inquit de aerea mutatione de astrologia sunt. Nec eni
astrologia paruam in medicina obtinet partem:qua sentencia phisicorum
artificio a ditos instruit temporum alterationes motusq̃ naturaruz. side,
reos cursus cōsequi :vt precipuū sit medicis astrologie fore participes qua
tinus artis sue fundamentū z principium recognoscant:cui quantum astro
logia prestet perpendi potest . Cum enim preuiderit astrologus cui me,
dendum sit:z quare ac quantum:demum medicus vtiliter accedit. eiusdez
siquidem prouidentia similiter et laborem inutilem precauet. adeo nanq̃
siderum virtus in medicina prepotēs vt etiaz creticos dies quibus omnis
egritudinis variatio deprehendiť omnino D rendicet.vnde tam Ypocrati
q̃ Galieno q̃ ceteris fere oibus philosophis compertum:astrologiaz plane
phisice ducatum obtinere:vt qui astrologiam damnet phisicam necessario
destruit.⸿Nona secta vulgus est:qui quoniaz omnia sapientia alieni sunt
astrologie dignitati detrahere presumunt. Nec enim apud eos beatum est
nisi opib᷑ affluere: nec sapere nisi lucraturi: sicq̃ maior pecunie dignitas q̃
sapientie:qui nisi tam obscena comparatione abuterentur inter fortune lu
brica z naturalis celerrimi bonum cum omnē sapientiā infestet:nec astro,
logiam nimirum preterit. Eiusmodi agnosce hoīm genus nec responsione
dignum esse quibus id primum occurrit.qm̃ compatio rei extra genus suū
inepta est. Q̃ ergo inť opes z scientias compationem faciant:qz nihil miru
videri debet:cū eiusmodi rerū discretio intentionis eoꝗ propria sit.Cum ergo
fortunā sapie p̃serant:nobis qd intersit exponendū videt.⸿Fortuna qdez
ceca nec probū nec improbū nec vllam hois dignitatē aut ordinē discernit
sed se vel citius puersis morib᷑ aioq̃ ignobili quippe ad votū eius pcliuiori
cōcedit᷑. Sapia noiata nec enim iners ingeniū animiue degenerē patiens
vix sūmo studio curijs atq̃ vigilijs perpetuis consequendam prestat se i᷑la
quidē in pte affectionis. Fortuna:sapia hic in ambitū ocedit ad hoc qd est
cum multis in rebus bestijs inferiores sum᷑ hoc solū maxime excellimus q̃
sapim᷑.Quantum ergo homo a sapia recedit tantū ab hoie alienatur:nate

beſtiarum proximatus.Quanto autē ſapientiam ſequitur tantum a brutis
elongatus in homis natura excellit. Multo ergo magis ea ſapiētie pars
appetenda que hominem etiam ſupra hoiem efferens:ſupe niſi q̃ proximū
reddit. Hanc autem aſtrorum cognitionez eſſe plane intelligendū:materie
dignitas ⁊ ordo tribuit.❡Decima ſecta ceteris aliquanto iuſtiorez cauſam
habere videtur. Ex eo ſiquidem q̃ pleroſq̃ huius artis profeſſores minus
peritos in officio ſuo nonnunq̃ errare vident:artificis culpā arti imponunt
qui certe minus culpandi viderentur:niſi tam ineptaz faceret tranſlatione
hoc itaq̃ remouendū:tantum culpe ipſa erroris cauſam exponere ſufficiat
Sunt enim nonnulli huius hoim generis qui debilis ingenij tenuis intellectus cum ſeſe huic arti addicunt tam tedij laboris q̃ ingenij inopia cōpe-
tentibus:tum propter nomis reuerentiam:tum emolimenti ſpecie reſponſa
negare non audeāt. pleruq̃ vel plus queſit⁊ promittētes falliuntur ⁊ fallūt
Qui ergo rerum iura ſano iudicio tractauerit: nequaq̃ huiuſmodi erroris
culpam arti innocue aſcribendum cenſebit.

Capitulum quintum De vtilitate aſtronomie

Actenus diuerſos hoim errores aſtrologiam calumniantes
q̃breuiter potui redarguiſſe opinor. Nunc quantā humanis
neceſſitatibus frugez hoc artificium ſerat aſſerendū videtur.
Sic enim qui Idicentes aiunt tam ⁊ ſi verax firmumq̃ aſtro
ligiocū artificium certa ſcz rerum prouentib⁹ iudicia tribuēs
Quid tñ intereſt futura preſcire anteq̃ fiant. Si enim bonuz
futurum eſt quid additur preſcientia q̃diu non fit. Si vero malum et ante
aduentū mali preſciētia ledit:atq̃ hos quoq̃ domeſticus error inuoluit vt
tantos fructus prouidentie ignorent:cũi tantū operam dare non deſiſtunt
nomenq̃ rei non rem ipſam diſſimant. Omnis enim homo rationis cōpos
naturaliter habet vt prouidentie rerum operaz det:quas ſi vtiles preſcierit
prouido conſilio cōmodum pleruq̃ adauget. ſi aduerſas prouida cautela
noxa nōnunq̃ ibi minuit.❡Sūt igitur hⁱmodi,puidentie tria gña. Primū
experimentis q̃ vulgare eſt.Secundum tempor alteratione q̃ medicor
eſt.Tercium effectu ſiderū,q̃ aſtrologus miniſtrat. Omniū cōmunis cura
vt euenturis bonis ac cōmodis reddant aduerſis cautos. Vulgaris itaq̃
prouidentie non paruā vtilitate videmus que cum ſepius expto elementor
qualitates ſucceſſuſq̃ prenotarit: contrarior ope anteq̃ ſupueniāt ſmunit
vt contra frigus locis atq̃ vſib⁹ calid⁹ cuiuſmodi cottidian⁹ eſt hoib⁹ vſus:
vt preuiſa pleruq̃ morboſa ante pluuiaz ad tectoria ⁊fugiunt:vt pre audito
nonnunq̃ hoſtium inſultu ac ſuperuētu:aut ad repellendos preparant aut
ſaltē effugiunt. Habitaq̃ prouidentia nequaq̃ rem ipſam impellit aut mu
tat:ſed cautela data rei vim quidez aut prohibet aut ſaltem alleuiat: hocq̃
genere omne vulgus vt nauta paſtor agricola in ſuo quiſq̃ officio fungitur

⁋Medicozum quoqʒ pzouidentia non negligenda:vtilitas que eſt ex tpm alterationibus:naturarum motibus:humozũ in cozpozibus:generationes cozruptiones.augmenta decrementa certis in terminis conſequi pzeſcribit naturalez pzeperat opem:que iam influentib⁹ obuians:ſupfluos iminuens deficiẽtes augens:tpatos medio ſtatu ɔſeruans:diſſolutõe repulſa naturã ɔſolidat. Þinc eſt ɋ nerualib⁹ fozmacijs aduerſus eſtiuas febziculas:hinc fleubotomo:hinc ventoſis contra ſanguinis putredinez atqʒ apoſtematum molestias vtimũr:atqʒ ad hũc modũ multa phiſice puidentie in ɔſeruanda ſanitate vtilitas eſt. Jn egritudine quoqʒ pzouidere inter vitam et moztem diſcretionis non minus eſt comodum. Que cum ita ſint in his:tamen et in aſtrologica puidentia vl' multo maioz atqʒ certioz apparet vtilitas.⁋Aſtro logie vero pzouidentie quinqʒ ſunt ſpẽs.pzima quidẽ eſt que cum futuros rerum euentus pterminat poterit eozum noxa repelli poterit non repelli:vt bellum publicũ:generalis fames:vniuerſal' terremot⁹:exuſtiões:eluuiones cõmunis hoim ſiue beſtiarum peſtilentia.Luius pzouidentia locus annoz ſeculi reuolutiões.Þui⁹ igitur hec manifeſta vtilitas qõ cum pſcierit homo peſtifex aliquod huiuſmodi regimẽ ſeu puidentie toti⁹ futuri poterit aliqũ vel locoz mutatiõe:vel aliqõ id genus in genio peſtem curare:quẽ ſi penit⁹ effugere nequeat ɔſulto ſaltem interim τ conſolato:pzeuiſt ſuperuentus tol lerantia multo leuloz eſt ɋ̃ his quos inpzouiſus atqʒ repentinus terroz pcu tiens non ſolum ɔſilii ſed plerũqʒ mentis animeqʒ inanes reddit.Secunda ſpecies de pziuatis pzima eiuſmodi rerum euentus pſcribit quozũ noxa ex toto vitari poteſt vt egritudo vt hoſtis hiſqʒ ſimilia.Luius pzouidentie loc⁹ igenezia.Annilibus autez queſtionem talis fere vtilitatis qualis in vulgari medicozumqʒ pzouidentia expoſita eſt. ⁋Tercia ſpecieſ ſunt rerum euent⁹ quos cum pſcierimus partim vitare poterimus quales ſunt egritudies que iam ex toto vitari nequeunt:pzouiſo tamẽ eozum tempoze pzeparatur vt et minus ſentianſ τ citius terminenſ ſicqʒ de ſimilibus incomodis.⁋Quarta ſpecies rerũ euentus ineuitabiles:ſed tranſitozios metitur vt de mozbo:itẽ aut de carcere ineuitabili cuius magnum hoc pzoficuũ quidẽ cum τ ipſum τ terminum eius pſcierimus τ ad tolleranduz id pzepaꝛuꝛ nec de termino eius deſperam⁹.⁋Quinte ſpeciei ſunt poſtremi rerum euẽtus generaliter ineuitabiles vt de mozte hominis cuius pzouidentie vtilitatem perdendaz relinquimus.Dũm igitur cõmunis vtilitas ɋ ſubitozum τ inpzouioz caſuũ occaſionem phibeant.⁋Eſt enim ois vehementis τ in pzouiſis aduerſitatʒ euentus terrozis turbationis atqʒ tribulationis occiſio vt eiuſmodi cõfuſio nõnunqʒ moztis repentine cauſa exiſtat atqʒ euentuũ ɔſequentia ipſis euen tibus plerũqʒ ſint grauioza. Þec ergo futuroz pzouidentia ſi euent⁹ ipſos pzohibere nequit:ſaltem euentuũ ɔſequentia pellit. Sidera nanqʒ cum ad euentus ducant:ducunt etiaz ad ingenium ɋ euentuũ noxam vel phibeat:

b ɜ

vel faltez alleuiet. Utemur itacぷ fermone vulgari intellectu ぷpinquo in eos
qui futuroぞum prouidentie non folum vtilitatem negant: verum etiam grᵃ
uium curarum occafionē imponunt. Si enim vitande cure z deliberatiōis
caufa hominum futuroぷ prefcientiam negligere conuenit: eadem de caufa
nihil inquirendū: nihil penitus aggredienduz reftat. Si enim iter inftituas
pergrandi cura: vie timoz reditus expectatio fequunt̄: ficぷ in ceteris id ge/
nus quaぷropter nec fperandū vnぷ aliquid cum fpei cōmuniter accidentia
fint cupiditas gaudium amoz doloぞぷ vt in res conducit: vt fine omni pui
dentia z ōfilio nihil deliberatiue agente: foztune ad omnes cafus exponas
ficぷ ratione caffa nihil hominum fuper beftie naturam relinquatur. Item
in eofdem qui huic prouidentie fructū adeūt ex eo ぽ curas fpei vel timoꝛis
afferāt. Si enim omne ꝙ curam affert quodぷ cum paffiones confequunt̄
fugiendum eft: nec voluptatum aliquid vnぷ oblectamentum appenduz
relinquitur. Si enim mufici modulaminis dulcedinē intro conceperis vim
paffionis confequi neceffe eft. Ex eademぷ de caufa pocula nec fapida nec
dapef lautas nec formofa mulierum coꝛpoꝛa cultuぷ venufta vel attingere
vnぷ licet nec cum vfus defuerit doloz confequatur neceffe fiunt que de ter
mino de victu quaぷ fpurciffima venere potius vtendum: que cum defuerit
nec curaz fui poffe relinquat. ꝅ Quod cum nature hominis infit vt ratione
et confilio vel euitare ftudeat quod timet: vel affequi quod fperat fūme ne/
ceffarium z aftrologie prouidentiam opinoz fi euitandum prefcieret timoz
ceffat fi affequendum gaudium certitudine accumulaꝛ. At vero fi vel ineui
tabile non affequenduz illic tollerantia hic doloz tanぷ confulto z cōfolato
tanto leuioz eft quanto adhibitarum fruftra facultatum penitētia accumu
laret.

ꝅ Secundus liber nouem habet capitula.

Rimum de numero ftellarum z inequalitate atぷ nomi
nibus numeroぷ imaginum vniuerfi celi. ꝅ Secundum
quare · 12· imagines inter omnes alias rerum ducatum
obtinuerūt. ꝅ Tercium quare he imagines numero· 12·
fint. ꝅ Quartum de compofitione harum imaginum.
ꝅ Quintū quare ꝗb airete inchoent. ꝅ Sextum de tro/
picis firmis z bipartit̄. ꝅ Septimum de quadꝛantibus
circuli caufaぷ mobilium z firmoꝛum z bipartitoꝛū: cau
faぷ numeri fignoꝛū: ac quare ab ariete inchoent fignoぷ
quoぷ naturis z trigonis iuxta quidē Hermeté poft abidemon. ꝅ Octauū
de fignis mafculinis z femineis. ꝅ Nonū de fignis diuturnis z nocturnis.

Capitulum pꝛimum. De numero ftellarum z inequalitate atぷ nominibus
numeroぷ imaginumぷ vniuerfi celi.

Nter oēs antique anctozitatis viros qui Ptholomeo prin
cipe celeftis ozbis dimenfiones qualitates et habitudines
profecuti funt plano conftans eft eum circuitū terre globū
vndicq verfum ambientem medio conclufum cohercere: il
luincq ita conftipatum ficcq immotum celeftis circuli quafi
centrum exiftere. ✠Os qui perdifcere voluerit Almageftū
legat. Inter fupremum autem ozbem terrecq globum me
dios alios circulos ftelliferof contineri que ftelle cum innumere fint electe
funt ex omni in latitudine notabiliozes. 1029. e quibus feptem velociozes
curfufcq diffimilif ♄ ♃ ♂ ☉ ♀ ☿ ☽ fuifcq circulis feruntur. Quapropter he
erratice dicte funt. At vero. 1022. ftabiles quoniam omnes vnius motus
ciufdemcq circuli fingulos gradūs centenis fere peragunt ānis. Oēs igitur
he. 1022. per fex ozdines difpofite funt. Que nāncq reliquis omnibus lucis
fue quantitate notabiliozes extitērūt. In primo refident ozdine funtcq nu
mero. 15. his minus lucide. In fcōo ozdine. 45. infra has. In ozdie tercio
208. In quarto. 474. In quinto. 217. In ferto deinde. 49. e quibus pre
ter has. 5. nebule fimiles vnde z nebecule dicūtur: due tenebzofe quaruz
vna oblonga tāncq caudata. ✠Ad hunc modū ozdinate omnes he. 1022.
Demuin. 48. imagines omne celum permeantes compofite funt quas gre
cilatinicq fabule diuerfis nominibus affignauerunt. Arabes vero nihil in
fabulas fperantes: nec de nominibus in fe difceptantes rem ipfam ample
ctando: eas a via ☉ tres eozū terminos inter vtrūcq polum difterminantes
hoc ozdine difponunt. Ex omnib?. 1022. ftellis. 360. a via folis ad boream
fuinpte figure. 21. oftituunt. E quibus primo loco due funt artas mediufcq
dzaco tercius: quartus flāmiger quem zepheum dicunt quez arabes dñm
folis: quinta caftopera: fexta cozona: feptimus hercules cum pelle leonis z
claus quam fozmam greci eugonafin dicūt: arabes elgeciale rulxbachei. i.
genu flexum: octauus ledens oloz qui z vultur cadens: nona gallina: deci
inus quem arabes paftozem vocant artofilar feu boetes: vndecimus per
feus almirazagul. i. deferens caput gozgotus: duodecimus auriga qui et
ophuiltuf: tredecim? auguiteneus: decimufquart? ipfe angwis: quindecim?
ozfercalim: fedecim? agla qui z vultur volans: decimuffeptim? delfin: deci
mufoctau? primus equus: decimufnonus fcōs equ?: vigefim? andzomena:
vigefimufprimus trigonus quem greci deltō vocant. Dis ozdinat? ipfa via
☉ circa medium limitem infra geminos terminales circulos. 346. ftelle cir
cuncte. 12. figna pōducunt ♈ ♉ ♊ ♋ ♌ ♍ ♎ ♏ ♐ ♑ ♒ ♓ his vij s ☉
per meduī fectis: tum hinc ad auftrū relique. 316. fegregate. 15. figura s p
ficiunt: quarū prim? eft magn? cet?: fcōs gladio fuccinct? ozion: tercius nil?
eridanij fluuj? cui cauda ǭt cauda pifcj?: ǫrt? lep?: ǫntus maioz canis: fext?
minoz canis: feptim? argofnauis: octau? ara. 9. crater libzi patris: decimus

s pollineus coꝛuus · 11 · chiron centhaurus · 12 · yoꝛa · 13 · thuribulum · 14 · australe sextum · 15 · piscis australis · Noim itaꝗ rationem foꝛmarum que effigies ꝛ fabu as vt Albumasar aratoꝛ sic nos ꝛ arato et ignio relinquimꝰ a quibus etiã ꝗ stelle singulas componant iimag ines exquiratur · ⸿ Apud nos non tantopere necessarium qui celestis potentie ducatuꝛ per inferioꝛis mundi accidentia sideruꝗ nõ causas comenticias veru effectꝰ necessarios insequimur: presertim cum imaginatio potius ꝗ res ipsa celum huiusmodi foꝛmis impingat: illud tñ pretermittendum non est qõ in sequentibꝰdicturi sumus qñ de signoꝛu proprietatibus tractabimus: quid harum imaginu in singulis signoꝛ decanis oꝛiatur: vnde que earum stelle quos signoꝛ gradꝰ occupent per astrolabiũ inueniꝰ naturis ꝛ effectibus earu alias tractandis.

Cap̃m secundũ · Quare · 12 · signa in zodiacó pꝛe ceteris ducatũ obtineant

Is admodũ hunc oꝛdinatis ꝯsequens est vt qua ratiõe ex omni celo · 12 · signa rerum ducatus pꝛe ceteris obtineant exponamus Quanꝗ etenim vt dictum est · 48 · imagines omne celum pficiant 12 · tñ que celi terreꝗ medium ambiunt cõtractis aliarum viribꝰ ad se iureceteris potentia pstiterunt · Sunt enim qui dubitant ꝗ ratio inter oẽs alias harum · 12 · potentiam tanꝗ nihil agentibus ceteris pꝛestiterunt quibus ita sufficienter respondere opiñoꝛ ꝗ nemo huius artis auctoꝛuꝛ vel ceteraru vllam · Omnis in mundo officiꝯ pꝛoꝛsus imunem vel autumat vel asserit: sed has · 12 · vniuersales cõmunesꝗ rerum ducat̃ obtinere cetera in singularibus quibusdã et pꝛiuatis rerum ꝓꝑietatibus acliues qõ pluribus diuersisꝗ rõnibus ꝯstat · ⸿ Pꝛimo quidẽ loco qñ circulus signifer mundũ ambiens cottidiana ꝯuersione centrũ eius · i · terre globum medium circuit quẽ circuitum indies rerum generationes ꝛ coꝛruptiones ꝯsequi videmus ceteris imaginibus in vtrãlibet partem ab hoc mundo semotis vel iure · 12 · obtinere videñ ceteris iuxta circuitus sui moduꝛ non pꝛoꝛsus imunibus in singularibus tñ: naꝛ illis vniuersalis rerum cura ꝯcessit · Est enim vl̃e quidẽ vt in cõmunibus generum specierumꝗ accidentibus · Singulare vero vt in singuloꝛu indiuiduoꝛu proprietatibus · ⸿ Scõo loco qñ ☉ oꝛtus ꝛ occasus rerum accidentia sequunꝰ · ☉ autẽ iter per hec · 12 · tantũ vie ☉ principatum ceteraru celi partium viribꝰ eodẽ scripto cõmendarunt · ⸿ Tercio quidem ☉ circulũ hunc pambulanteꝛ anni circul̃ pagitur · Per anni vero tꝑa rẽru gñationes ꝛ coꝛruptões ceteriꝗ motꝰ ꝑpetuo ꝯtinuant vt ꝑ singula etiam signa ☉ gressus seu status mũdi accidentiũ causas alternet · ⸿ Quarto qñ ꝛ ☽ cetereꝗ vage eandem ☉ viam sequentes nec pꝛeter latitudines alias diuertentes per singula item signa tꝑin alterationibꝰrerumꝗ accitibus nõnihil adijciunt · ⸿ Quinto nullius aliarum imaginũ nisi ꝓꝑcionabilis sibi signi: cui quodãmodo aꝑpendicia est ꝯsoꝛtio ꝓducente ducta̓ aꝑparet

pis itaqz de caufis hifqz rationibuf cū circulus hic ex omni celo generales
ducatus principalit obtinuerit· Primuz equalibus· 12· interfticijs q̃ figna
vocam°ceteris nõ ita fectis deinde. 360. quos gradus dicim° equis ptibus
diuifus eft. Succedētibus alijs atqz alijs partiū fub diuifionib° in arte ne/
ceffarijs· Signum quippe. 30. graduū:gradus. 60. punctox. Punctuz. 60.
fecundox.fecunda. 60. terciozū.ficqz per quarta quinta fexta vfqz ad deci
ma z duodecima vel eo amplius quantitates generū alterius detrimētum
alteri°augmētū infinitū fuccrefcit. Jnē numeros etenī. 12.30.60.atqz. 360
faciltime quaflibet fectiones admitrunt. Ut trientē quadrantē quincuntē
fextrantē z deinceps:que ftellaris curfu cōputo:p hunc circulū infequēdo
neceffaria erant.

Caplm terciū Quare he imagines numero. 12.funt.

Unc quare nec pl̃es quã. 12.neceffarie nec pauciores ad rex
ducatū fufficere videanē exponēduz eft. Ad quã prio arati ac
cedit auctoritas. Qui cū. 48. celi figuras defcriberet:inē cete
ra folis figna. 12. figna difcernit. ¶ Preterea vt in phia legiē
qm quicquid in hoc mūdo nafcitur et occidit ex. 4. elementis
cōpofitū cōftat trib°interfticijs deductū principio medio fine
que tria ī ea quatuor ducta. 12. pducūt quib°. 12. ea figna fignozqz nume
ris ducatū pbēt. Cū igiē ei numero fignox numex rñdere cōueniret. 12. fo
re cōueniebat. Prefuē fiquidē hec figna. 4. elemētis eozqz trib° interfticijs
figna quippe ftellax fūt loca nõ fua feozfū fuba gñationes rerū z corrupto
nes mouētia:fed oriēdo occidēdoqz fup mūdū inferiorē ftellafqz difcurrē
tes recipiēdo:fic etiã elemēta non p fe ipfa refoluunē rexve gñationes au t
corruptiones pdūt fed tpox alterationes elemētox refolutiões generatio/
nū caufe cōfequenē. Sic itaqz circuli figni mūdi. 4. elemētis eozqz trib°inē/
fticijs vt re z numero cōuenire neceffe erat cp exponē planius cōftabit: peſt
enim aries igni:taur°terre:gemini aeri:cancer aque: deinde initio repetito
leo itē igni:virgo terre:libza aeri:fcorpius aque. Jtēqz repetito ordine : fa/
gittarius igni:capricorn°terre:aquarius aeri:pifces aque. Primus itaqz fi
gnox ordo elemētox primū fortiē iuſticiū.i.geniture inidū. Secūdus or/
do fecundū.i.vite mediū. Tercius terciū. Sūt q̃ de fignis tria quidē ignea
tria terrea:tria aerea:tria aquatica. Preeſt eni aries calido ficco vegitatio
ad vitã ad icremētū atcp nutrimētū aiantiū z germinū apto:leo min° tpato
maturâtiecp rex ftatus. Sagittari°nociuo corrupēti diffoluētiecp animâtium
atcp germinâtiū cōpagē. Thaurus frigido ficco geniture amico vt agro fer
tili germinūcp z aiantiū nutrimētis. Uirgo inutili z inepto vt funt agri ſteri
les z id genus. Capricorn° nociuo z diffolutiuo quale eſt ſcenū z terra gra/
uis. Gemini calido humido tpato fuam rex geniturã formentifcp adepto:
quales funt odores fuaues z confortatiui. Libza groffo z turbulēto vt funt

ventilet vapores pingues. Aquarius graui τ corrupto vt vaporibus fetidis
grauicp aere. Cancer humido frigido tempato dulci nihilominus rer na
ture τ nutrimetis idoneo quales sunt humores sustentatiui. Scorpius mi
nus abili quales humores salsi animantiu germinucp nature inutiles. Pi
sces corrupto distemperato et dissoluto vt paludes lacu me obscene. Qua
tuor ergo rer generationibus psunt. 4. medio int generatione τ corruptio
ne: 4. corruptione habentcp ita singula. 12. suas quecp vires τ proprietates
in diuersis rer accidetibus er. 4. elemetor tribus intkicijs.

Caplm quartu De copositione har imaginu.

D Einceps signor nam tractare couenit. Mirant enim no
nulli de his qui naturali scie opam dant. Cur int signa na
turali ordine intmisso post signu igneum no statim aereu
sz terreu succedit: quibus huiusmoi ro no inepte rndet qm
elemeta simpla: calor: frigor: siccitas: humor: ipsa quidem
corpa no sunt: sed vt omniu corpor sic hor que vulgo ele
meta dicunt terre aque aeris ignis substatialis copaginis
origo sunt q uor quodcp licz er pluribus illor congestum sit: singula tame
in singulis eruperat sicut in igne cpuis calidꝰ siccus: calor tame supat: sic in
terra cpcp frigida sicca siccitas tame sic in aqua frigus humor in aere ppon
derat: Sunt igit elemetor calor τ frigus actiua: siccitas τ humor passiua:
actior aut vt cotraria sunt. Calor quide rer generatione agit: frigus cor
ruptione. Passiuor vt ipsa opposita sunt: siccitas tame magis est actionis
receptiua. Cur igit elemetor huiusmodi virtus sit τ modus quare in signo
rum compositoe ab igne sumat iniciu omnibus ronibus ostat. Primo qui
de loco cp quonia calor in igne superat: nec generatio motusve animatiuz
nisi er calore est vel iure extremitatu prima obtinuerit. Altera aut aqua in
qua frigus preest. vt enim generatione vitacp animale calor aministrat sic
contrariu τ ei frigus genitura corrumpes vite internicies est. Secudo loco
quia calor generationis elemetum frigus aute corruptionis primacp in re
bus generatio: postrema corruptio merito prima extremitate ignis aqua se
cunda sortit. Tercio quonia oes aialis vite passiones int principiu τ finem
sunt actiua principij τ finis extremitates passiua mediuz obtinere debuere
locum. Quarto cp cum omnis in hoc mundo generationis celestia corpo
ra causa existant: eis aut corporibus in ordine elemetor ignis primus: pri
mum esse debuit elemetum caloris: frigoris aute cp contrariu erat vltimu.
Cum igit actiua calor τ frigus extrema sint: passiua siccitate scz τ humorez
in medio relinqui necesse erat. Quonia vo vt in igne calor sic in terra sicci
tas habundet. Post signum igneum statim terreum succedere duabus de
causis oportet. Prima est elemetor cognatio. Est enim siccitas caloris co
gnatione quada cosecques. Scoa est er vtriuscp pricipalitate vt eni int acti

ua caloz fit inf paſſiua ſiccitas virtute qnadā pcellit. Lū igif in ſignoz ozdi
ne pzimū locū ignis: quartū aqua poſſideat poſt igné aūt ſecūdo loco ter
ra ſuccedat aeri terciū relinqui neceſſe eſt: his ergo de cauſis inſignoz com
poſitiōe pzimū eſt igneū: ſecūdū terreū: terciū aereū: quartū aquaticum vn
de eſt cp arietem calidum ſiccum. Thaurum frigidum ſiccum. Geminos ca
lidum humidū. Cancrū frigidū humidū, dicimus atcp adhūc modū per oz
dinem.

Capitulum quintum. Quare ab ariete inchoent.

Einde quare ſignoz ozdo ab ariete incipiat, inſinuanduz eſt
in qua pte eis rūdet qui quoniā circulus nec pzincipiū habet
nec finē nō magis ab ariete cp vndūlibet inchoādū putāt. Pzi
mū igif exponemºneceſſariū quidē aliqo circuli pzincipiū fuiſ
ſe deinde id ipm p ceteris. Lū eni elemēta ſimpla cozpoz om
niū pzincipia ſint cōpoſita partim generationē ptim cozruptionē agūt. Ge
rationū aūt z cozruptionū ſpacia diuerſa ex diucrſis anni tpibus metimur.
Quapropt ad tepoz cōtinuationē metiēdā que ſolis iter ſequif a certo ali
quo circuli loco ichoare neceſſe erat. Aptiº aūt a nullo alio cp a quo tpis fit
iniciū elemēta generationū mouēt. Vtrūcp ſiquidē actiuoz vtrilibet paſ
ſiuoz pmixtū: generationē agit aut cozruptionē: vt caloz cū humoze natu
re cōpaginē motū vitalē: generationē z incremētū. Idē cū ſicco nature ſo
lutioné vitecp cozruptionē z internicié. Ité frigus cū humoze nature cōſen
taneū cū ſicco inimicū que oīa nō ſine legittima tepoz viciſſitudine ctinuāt
A ſolis eteniz in pzimū arietis punctū introitu. Tépus ex calido z humido
tempaf ad omné geniturā aptū inchoās pſequétia tria ſigna arietis thauri
geminoz cōtinuaf vt diei incremēto terminato: ſole ad pzincipiū cancri mi
grante ex aerea temperie in igneā calidi z ſicci naturā tpis fit alteratio pzi
micp quadrātis incremēto diei: decremētū eqͤlitate per ozdinē rependens
vſcp ad finé virginis ſuccedit. Qua equinoctio tranſacto ſole in libzam trā
ſcunte frigidū z ſiccum tépus ſuccedens noctis incrementum vſcp ad finez
ſagittarij pducit. Vnde in capzicoznū deſcendente ſole frigidum z humidū
tempus conſequés hinc augmento hinc decremento diei noctis viciſſitudi
nem ad equalitatem redactis in fine piſcinm equincctium celebzat. Emer
ſis itacp ſexaginta gradibus in tricentis .65. diebus ac quadzante minus
360. parte diei vt viſum eſt ptholomeo annum peragit quem ſolarem dixi
mus duodecim menſium iuxta. 12. circuli ſigna. Nam z ad circuli cogna
tionem quadzipartita eſt. Eſt enim ver aeree qualitat calidum humidum
genituras pduces, nutrimēta pſtans. Eſtas ignee nature calida ſicca geni
ture minus apta rerum ſtatum ad cozruptionē inclinans. Autūpnº frigidº
z ſiccus geniture inimicus. Dyems aquatica vernaliū partium ſomentum

suntꝗ singulis tria interualla:principium:medium:finis : ꝑ singula circuli
signa deducta.Ex signis siquidem in quibus tempozis alteratio ſt inicium
ſumiſ. Ex ſecūdis medium:ex tercijs finis:ergo neceſſe erat circulum certū
habere principiū idꝗ ꝓceteris quia caput eēt tēpozis generationū momē
ta mouentis.

Caplm ſextū De tropicis firmis ꝛ bipartitis.

Onſequēs eſt vt ſigna vnde tpm inēualla diſtinguunt certis
noibꝰ atꝗ ꝑꝛietatibꝰdiſcernamꝰ.Cū eni quatuoz circuli qua
dꝛātibꝰ.4.anni quadꝛātes oꝛdine rñdēt vtꝗ circuli qdꝛātes
trinis ſignis ſic āni qdꝛātes trinis inēuallis numeriant ſingu
la ſingulis rñde neceſſario vident:ſit eni tpis inieiū cū ſol pꝛi
cipiū quadꝛātis ingredit.Quapꝛopt id ſignū tropicū vocat ſe
quēs vo quo eiuſdē tpis ſtatus firmat firmū:terciū biptitū cuiꝰ pꝛioꝛ medie
tas eius tpis eſt.Secūda ad ſequētis qualitatē vergēs.Sunt igit aries cā
cer libꝛa capricoꝛnus tropica.Thaurus leo ſcoꝛpiꝰaquarius firma.Gemi
ni virgo ſagittariꝰpiſces biptita.

Caplm ſeptimū De quadꝛātibꝰcirculiꝗ mobiliū ꝛ firmoꝛ ꝛ biptitoꝛ .

Ocus hermetis ſñe poſt abidemon de circuli quadꝛantibus
Signoꝛ foꝛnis numero inicio nature trigonis.Cuius ipſius
verba ad integritatē in medio adducimus.Quoniā ſcimꝰin
quit vniuerſalē pārticionē particulari antiquioꝛe reꝛꝗ pꝛin
cipiū accedēs ꝛ creſcēs.Finem autē recedētē ꝛ decꝛeſcētem
res poſtulabat.Signoꝛum pꝛimo numeꝛ determinare:deinde
naturas tractare ꝗ ne ſine ratione fieret:certum omnium pꝛincipium ante
omnia neceſſariū erat.CPꝛimum igit omnē circulum equi diſtantibꝰ qua
tuoꝛ punctis equaliſ interſignamus. Quo facto pꝛima occurrunt equino
ctialia duo quoꝛum altero in fine piſcium tranſacto cum ſol in pꝛimū arie
tis graduin deſcēdit:aſcendēs in circulo incremētum diei ꝑfert altero in fi
ne virginis ſol ad libꝛam tranſiēs deſcēdit noctis incremētū ꝑferēs. Quo
niam ergo ſolis aſcēſum luciſꝗ augmētum reꝛ acceſſus atꝗ incremēta de
ſcēſus aut receſſus ꝛ decremēta ſequi videmus ab ariete circuli pꝛincipium
inſtituimus.Conſequent autē circulum ꝑ quatuoꝛ deſignata puucta tem
poꝛa anni.4.diſtinguimus ꝑ ſingula vo tempoꝛa tantum luminum coitus
terne foꝛme:terneꝗ viciſſitudines oppoſite diuerſitatis id autē eſt diei mu
tatio:digreſſionis alternatio:tempozis alteratio:diei quidē mutatio: ab in
cremēto ad decremētū ꝛ ecōuero digreſſionis alſnatio ab aſcēſu ad deſcē
ſum ꝛ ecōuerſo tpis alteratio a pꝛincipio ad mediū:a medio ad finē.Itaꝗ
foꝛma inquā cū ſol intrat tpis in aliam qualitatez ꝛuertit tropica vocat. In
quā vo eiuſdē ſtatū firmat:firma. Naꝛ biptita eſt pꝛioꝛ medietas eius tpis
ſequens ſequentis . Quoniam itaꝗ ſingulos quadꝛantes .4. terne foꝛme

ter neq́ vicissitudies numerãt ex .4. ternis. 12 .cõsici necesse erat.⁋Determi
natio igiſ signoꝛ numero tũ demũ naturã tractare cõsequẽs eſt. Q̆ vt ordi
ne fiat cõuertimur ad quadrãtiũ circuli rõnẽ. Quoꝛ quoniã primus calidꝰ
humidus:secũdus calidus siccus:tercĩꝰ frigidus siccus:quartus frigidꝰhu-
midus. Jn medij secũdi in. 15. leonis gradu fortissimꝰ calor maxĩa siccitaſ
sentiſ. Dephesus eſt igiſ leo calidissimꝰoĩuz ꜯ siccissimus cuius naturã arietẽ ꜯ sagittariũ idẽ trigonus socia cognatione astrigebat: nihil aũt calidius
ꜯ siccius igne. Sũt igiſ aries leo sagittarius ignea. Quoniã v̊o vt tẽpoꝛ .4.
primũ calidũ ꜯ humidũ:poſtremũ frigidũ humiduz eſt. primus trigonus lꝫ
igneus ſit:poſtremũ. i. cancri scorpionis piscium trigonũ aquaticã obtinere
naturã cõueniẽs erat.Ad hunc modũ ariete ꜯ cancro eoꝛꝗ trigonis pſpe-
ctis:ad thauri ꜯ geminoꝛ naturã tractandã transimus.Quoniã ergo nihil
calidũ idẽꝗ frigidũ nec duo eiusdẽ nature contigua eẽ possibile eſt.tha uꝛ
eiusꝗ trigonũ frigidũ siccũ esse cõsequẽs erat.Quibꝰ ita dispartitis quartũ:
quarto relinqui necesse eſt.Sunt aũt nõnulli de huiusmodi artis studio q̑
arietẽ calidum humidũ potius fore debere ex huiusmodi rõcinatione assu-
mũt.Lũ eni poſtremũ anni tẽpus frigidũ humidũ ſit poſtremũ quoꝗ diei
quadratis necessitate cõsequi videſ primi tempus anni cuĩꝰ caput' eſt aries
primiꝗ quadrantis diei rõnẽ potius calidũ humidũ fore totius circuli ca-
put.Lontra quos duobus ex locis argumentamur. Primo quoniã ordo
cõpositionis signoꝛ ſi a primo anni tpē inciperet ꜯ a primo diei quadrante
ið quidẽ ita cõueniret.Nos autẽ nõ huic sed a medio secundi tẽpoꝛis atꝗ
a medio die omnibus climatibus.Jdẽ eſt quoꝗ ꝓ oĩuz signoꝛ motus idẽ
sidcree naſe ordo eſt inchoamꝰ a die nãꝗ incipiẽdũ erat qui rex oĩm motꝰ
agitat. Scðo q̑ cũ in vere humor exuperet ſi in ariete caloꝛẽ minꝰabũdare
rideremꝰið itaꝗ ꝓcedi posset. Q̆ cũ aliſ ſit q̑ dicta sunt inuicta relinquunſ.

Lapĩm octauũ. De signis masculinis ꜯ femininis.

Js itaꝗ ꝑtractatis:deinde signa masculina ꜯ feminina diſtiguẽ
da. Lũ enim quicꝗd in hoc mũdo ſit maris ꜯ femine coitu conce
ptũ nasciſ omniũ v̊o generationũ signoꝛ virtus principiũ ꜯ causa
exiſtat necesse erat inter signa tãꝗ ſeruũ huiusmodi diuersitatez
diſtinguere.At v̊o quoniã actio masculi eſt:passio v̊o femine:atꝗ inter elementa supioꝛa duo ignis et aer actiua.inferioꝛa v̊o duo passiua sunt:ignea
atꝗ acrea signa masculina:terrea v̊o ꜯ aquatica feminea fore cõueniebat.
hac itaꝗ rõnẽ aries masculinũ:taurus femineũ:ſicꝗ gemini masculinũ can
cer femineũ eſt:atꝗ ad hunc modũ ꝓ ordinẽ.Sunt v̊o nõnulli qui discretio
nẽ inter oꝛiẽtia adhibent:vt oꝛiens masculinũ:secũdũ femininũ:terciũ item
masculinũ ac quartũ femineũ dicãt ſicꝗ deinceps. Nos v̊o quoniam sexus
discretio in rex natura nõ accidẽtalis eſt eam,non ꝑ accidẽtalẽ signoꝛ mo
tum sed per naturalẽ ordinẽ deducimus.

Capitlm nonũ.　De signis diurnis τ nocturnis.

Ostremo est signoꝛ inter diem ac nocté discretio cum enim signoꝛ ordo quottidiana cõuersione mundum ambiés diei noctisꝗ vicissitudines alternet: dies quoꝗ calide noꝛ ꝩo frigide sit nature: dies quoꝗ pcedat noꝛ sequat: sempꝗ nullo medio vicissim cõtinuo sese comitent arieté diurnũ: thauruꝫ nocturnũ: geminos ité diurnũ: cancrũ nocturnũ eé rõ postulabat sicꝗ deinceps p ordiné. Sunt aũt qui signa quatuoꝛ arietem cancrũ leoné sagittariuꝫ diurna quatuoꝛ his opposita nocturna ꝗtuoꝛ reliqua indifferenter putant. i. die diurna nocte nocturna. Qui quoniã quedain masculina diurna quedã feminea nocturna atꝗ idipsium sine oium ponũt ratione nec responsione dignũ vident.

Liber tercius noué habet capitula.

Rimũ quare septé stelle cõmunes rerũ ducatus preceteris optineãt simulꝗ desingularũ effectu in quatuoꝛ elemétis. ℂ Secũdũ de terminis astrologie atꝗ astrologi. ℂ Terciũ de proprietate ducatus solis in temperie aerea τ nature compositione ac stellaꝛ cũ solis pticipatione. ℂ Quartũ de proprietate ducatus lune in mariũm accessu τ recessu. ℂ Quintum de causa accessus τ recessus. ℂ Sextũ de augméto τ decreméto aquaꝛ. ℂ Septimũ accessum τ recessuꝫ maris lune potétia: nõ maris nature: quatuoꝛ ex locis confirmãs. ℂ Octauũ de ducatu tune in maribus τ forma eoꝛ que accedunt τ recedunt τ eorum que nõ necessarij effectu solis in mari. ℂ Nonũ de ducatu lune in animalibus τ germinibꝰ τ metallis augméto atꝗ decreméto.

Capitulũ primũ De stellis fixis τ planetis.

L ex õmni fideꝛ numero. 12. signa cõmunes rerũ ducatus p ceteris obtinere demonstratum est sic qua de causa ex omni stellarũ multitudine septe planetas generales rerum ducat? preceteris sorciant exponédum videt. Sunt eniꝫ, qui mirant cum tanta nature τ affectus coguatione cetere his septé cõmunicét: mouent etenim de signis ad signa oriunt τ occidũt sup mundũ inferioré. Oriétales etiam fiunt τ occidétales variarũ etiã hee complexionũ. Ot tãꝗ nihil agentibus ceteris has septé in rerum ducatuꝑ ferat. Cuius antique auctoritatis vniuersa de stellarũ effectu ratio ita plane respondet. Cum enim quicquid in hoc mundo nascit τ occidit signoꝛum stellarúꝗ motũ tanꝗ efficienté causam sequat. Signoꝛ autẽ ordo vt in secundo libro approbatũ est elemétoꝛ nature presit stellas per ea signa dispositas eisꝗ eleméta generaut preesse: consequés esse erat excepto ꝙ inter est quoniã hee septem cum p ea signa celerius varioꝗ discurrentes crebꝛ

eant atꝗ redeant ad reꝛ motus ⁊ effectus promptiores erant . Unde his
ꝗ generalis rerum ducatus conceſſit illis pro modo ſuo priuatati reꝛ officij nequaꝗ immunibus ꝗ huic etiã cõſtabat ꝗ ipſarũ diſcurrẽtiũ quanto
quelibet velociori motu ⁊ vario diſtrahit tanto pluris in reꝛ effectu officij
repiť. Unde eſt ꝗ luna omniũ citiſſima inter oẽs reꝛ effectibꝰ frequẽtiꝰ ſata
git. Nam ſtelle firme ad priuatas ſtabileſꝗ vel tardas ſingulariũ rerũ pro
prietates ducunt. Deinde ꝗ cum celeſtis circulus cũ omnibꝰ ſtellis mũduꝛ
hunc ꝓpetuo circuitu ãbiat de quibus ſtelle ſtabiles p eundẽ circulũ eodem fere motu tardaꝛeadẽꝗ a terre globo diſtantia ferunť:ſeptẽ ꝟo multe
diuerſitatis multe velociores ſuo queꝗ circulo ſuoꝗ motu diuerſo quale
eſt iter rectũ:nũc ſtatio:nũc retrogradatio:aſceſus. deſceſus. augmẽtu: cur
ſus ⁊ decremẽtũ atꝗ vt nũꝗ planetaꝛ huiuſmõi curſus deſiſti:ſic nũꝗ mũ
dus a generatiõe ⁊ corruptiõe reꝛꝗ alteratiõe ceſſat:intellectu eſt tan-
tam mundi accidẽtiũ varietate tante planetaꝛ motuũ diuerſiſicati:merito
magis appenditiua vt nõ iniuſte cõmune reꝛ ducatũ priuilegio quodã ob
tinere videanť diſcreta ſinguloꝛ vt ſibi cũ naturali elemento appropriata
Sol eni ⁊ mars ignee nature accliues:ſaturnꝰ ⁊ mercuriꝰ terre:iupiter ⁊ ca
put aeree:venꝰ ⁊ luna atꝗ cauda aquatice. Eſt aũt ⁊ inť ipſos cõplices quã
diſcretio:ꝗuis eni ſol ⁊ mars ambo calidi ⁊ ſicci ſolis tñ calor vitalis martis corruptiꝰ. Sic frigus ⁊ ſiccitas mercurij natura cõſentanea:ſaturni ini
mica:iouis quoꝗ tempies nature ſomẽtũ capitis cõplexa nõ ſatis amica:
venꝰ etiã ⁊ luna geniture accomoda:cauda minus apta.

Caplŭ ſecundũ De terminis aſtrologie atꝗ aſtrologi .

Is itaꝗ poſitis cũ hmõi celeſtiũ viriũ ſcie infinita fere materia videať ⁊ arte determiare ⁊ artifici ſuos pſcribere termios
cõuenit vt ex vtroꝗ vtriuſꝗ finis facili ꝰ atꝗ certiꝰ intelligať.
Qt vt rõne fiat ipſa primũ etiã noibus diſcernamꝰ hmõi nãꝗ
ſcie aſtrologie doctum aũt aſtrologi nome adornat. Eſt igiť
aſtrologia ſcia viriũ ſtellaris motꝰ ad tẽpꝰ definitũ atꝗ ad cõ
ſequẽdũ illud. Eſt eni ſcia genꝰ aſtrologie cetera differre eiꝰ ab alijs eiꝰ gene
ris ſpeciebꝰ. nãꝗ ſtellaris motꝰ vires cõmemoramꝰ cõtra eos eſt ꝗ nullius
rei extra ſe ducatũ aliquẽ cõcedũt vt vulgura ⁊ tonitruꝰ ſigna quidẽ pluuie
nõ tame ipſa pluuie ſunt. Fumus ignis nõ ipſe ignis eſt ſicꝗ huiuſmõi. Ad
hunc itaꝗ modũ ſtellaꝛ motus ad reꝛ effectus longe a ſe diſtãtiũ ducunt.
Ideo ꝟo ad definitũ tẽpꝰ atꝗ cõſequẽs illud dicimꝰ qm callidus aſtrologꝰ
in primis reꝛ puẽťin ſuo tpe ſpectat. deinde reꝛ finẽ metiť ⁊ Aſtrologus
aũt cũ ſideree potẽtie viriũꝗ ſtellariũ ſapiẽs demonſtrat. Cũ ſideree ſtella
rũꝗ motus ſingulos omniũ huius mundi accidẽtiũ ducatus ꝓbeant : hu
manũ tame ingeniũ ⁊ ſtudiũ haut ad omne ſinguloꝛ integritate cõſequen
das ſufficiat ſtellaꝛ ducatus tribꝰ terminis diſcernamꝰ. Primo gdẽ ſũt res

ſiue actus in ſidereo ducatu adeo ſubtiles z pfunde cp nec ipſos ſtellarum
ducatus cõſequi nec quo d ucãt puenire humana facultas ſufficiat. Secun
do ſidereos ducatus vſcp ad rez ipſam quidẽ cõſequimur ſed ante quãtita
tẽ emenſaz z qualitates deprehenſas deficim⁰. Tercio ſunt res z act⁰ quoꝛ
z ipſos z quantitates atcp qualitates eoꝛ celeſti ducatu ⁏ſequimur. Itacp
p ꝛimi termini vt integra oĩm ſpecierũ ſub cũctis generib⁰ oĩmcp indiuiduo
rũ ſub quacũcp diuiſio vt arene maris numerus calculoꝛve ruris vt quotti
diani momẽtaneive menſura incremẽti ſiue decrẽmẽti ſinguloꝛ coꝛpoꝛ vt
omniũ motuũ atcp accidẽtiũ differẽtia p ſingula indiuidua que cũ eiuſdez
generis vnius etiã ſpeciei ſint ſingula trib⁰ tũ interſticijs differũt vt cũ duo
vel plura indiuidua albedinũ vel nigredinũ longitndine ſeu breuitate vul
tu ſimo vl aliquo oculoꝛ coloꝛe z figura oꝛis amplitudine aut anguſtia an
helitus odoꝛe animi coꝛpiſve ſanitate vel aſperitate hiſue filibus inimicoꝛ
quoꝛ necp generalis aliqua necp ſpecialis habẽt differentia. Singulis igit
omniũ interuallis licet ſidera ducatũ pbeant nõ tamẽ oĩa cõſequi humane
facultatis eſt. ⸿ Secũdi termini defect⁰ eſt vt numerus inter populos dua
rũ pluriũve ciuitatũ licz vtracp pars a maioꝛi ſit ex ſtellarũ ducatu certũ ha
beamus vt numerus granoꝛ frumẽti p agrũ determinatũ vt deſertoꝛ lon
gitudinis atcp latitudinis inſulã. In his igit hiſcp filibus licet rõne ſtellaꝛ
ducatus habeamus ad quãtitatẽ eoꝛ z qualitates non tamẽ facultas no
ſtra ad eas cõſequẽdas ſufficit que oĩa qꝛ nature humane poſſibilitatis eſt
necp vſus humani nec aſtrologi neceſſaria ſunt. ⸿ Tercij termini facultas
eſt cert⁰ ſidez ducatus ad genera z ſpecies humane inuẽtionis ad anni tẽ
poꝛ alterationes ad motus elemẽtoꝛ mũdi z reſoluticnes rezcp genera
tiones z coꝛruptiones quantitates z qualitates vſus humani multecp ſilitu
dinis. Qꝛ vt breue facia dico ſtellarũ ſiderumcp diuerſos motus z vires ad
ſingula quidem rez omniũ accidẽtia ducez. Uerũ huiuſmõi ducatus pars
cõſtãs in rebus humani intellectus ps excedens in rebus adeo ſubtilibus
z pfundi cp ad impoſſibilitatẽ humani ſecedãt. Que qnoniaz hominẽ effu
gerũt nec indago eoꝛ aſtrologo neceſſaria ẽ. Uerbi gꝛa ſolis p circuli qua
dꝛãtes itus atcp reditus diuerſa reducere tpa varijs elemẽta motib⁰ effice
re cõſtãs ſed z per ſigna graduſve ſingulos ſolares greſſus vſitatos tẽpo
rũ motus cõſequi certũ eſt. Alienũ aũt ab hoibus intellectu vt quidez ſolis
motũ ſeu ppriũ ſeu circularẽ p ſecũdã vnã aut terciã aut decimã faciat tem
poꝛ aut elemẽtoꝛ varietates aut aĩaliũ ſeu germinũ affectus cõſequit ſicꝛ
de ceteris ſtellis. ⸿ Determinatis itacp tam artis natura cp artificis officijs
demũ⸱6⸱ois hui⁰ artificij circũſtãcie diſponẽde ſunt. Artis videlz initiũ ra
dix ꝛami argumẽtũ fruct⁰ finis. Eſt igit artis iniciũ ſtudiũ ſciẽtie rez pꝛo
uẽtus radix celeſtiũ motuũ ſcia. Rami ex celeſtiũ coꝛpoꝛ motib⁰ rez imiñ
tiũ motus iudicia. Argumẽtũ iudicioꝛ vſitatus effect⁰. Fructus rez cõſe
quẽtiũ puidẽtia. Finis hmõi puidẽtie vtilitas.

Sol

Capitulum tercium. De proprietate ducatus solis in temperie aerea ⁊ nature compositione: ac stellarum cum solis participatione.

Vnc a sole incipientes proprietates eius nature temperie ⁊ compositione stellarum quoꝗ participatione cum ☉ tractabim⁹. In qua parte primū eis rñdendū videf:qui nature temperiez rerūꝗ compositionez solari stellarūꝗ virtuti negantes ꝓpria quadā suꝑe sue vi coalescere putant. Nec minus ⁊ his qui ex causis quidē extrinsicis rerū compositionē mūtuant:veruntñ solis virib⁹ stellarū negant. ℂ primū igitur illis occurrit qm̄ nihil cōpositū sine cōponente compositū est. Impossibile vero aliqd a seipso componere. Si eni id ita esset non elementoꝗ aliqd a aliud resolueret sed in se quodꝗ imutatum semp maneret. Videm⁹ aūt ea ininuicē resolui:in reb⁹ siquidem cōpositis reꝑiunf.nec enim quicꝗ seipm resoluit. Item si res nō aliunde mote seipsas gñarent:ꝛueniret nempe vt exquo res queꝗ nata esset deinde

c

finiturã. Nihil eñi est qõ ꝓꝓꝛie naſe ꝛrium ſeipm deſtruat. qõ cum abſurdũ
ſit patet gña̅tionis atꝗ coꝛruptiõis reꝛ alias extra ſe cauſas exiſtere reruꝛ
naſe capaci aſſentaneoſ. Deinde dicã quidẽ ꝯſequens eſſe ꝗ ⊙ ſtellas cum
⊙ naturarũ temꝑiei reꝛũꝗ cõpoſitioni factoꝛ oĩm deus tanꝗ efficientes
cauſas ꝓſtiterit. Ut eñi ignis ꝓꝓꝛia virtute vꝛit cauſa exuſtiõis eſt:ſic diuinũ
lumen ⊙ lucis ꝛ caloꝛis vꝉis auctoꝛ naſalis reꝛ cõpoſitionis diuinit⁹ data
virtute efficiens cauſa exiſtit:qõ effect⁹ ipſe pbat. loca nanꝗ terraruꝛ quib⁹
⊙ plus equo vel accedit vel elongaꝛ oĩno tam aĩantium ꝗ germinũ ſterilia
manent verbi gña:loca terrarũ ab eſtiuo ⊙ tropico in ſeptentrionẽ. 66.gra
dibus diſtãtia cui numero toti ⊙ digreſſione. i.gradib⁹ fere. 24. abiect⁹. 90
fiunt:hec inquã loca longiñ ⊙ digreſſione ꝑpetuo gelu ꝯcerta:omne tam
germinũ ꝗ aĩantium alimentuꝛ negant. Exquo nanꝗ ⊙ in auſtralia ſigna
deſcẽdcrit per ſex integros menſes:ex loca eius oꝛtu carent:vnde tot⁹ aqui
lc nũ virib⁹ expoſita:tam eſtate ꝗ hyeme inſolubilia rigent. qõ ꝛ armenicuꝛ
mare firmat:ꝗ a ℥ tropico gradibus. 21. remotũ:adeo quidem eſt ventis
validis feruidũ aurarũꝗ obſcuritate cecũ ꝗ nec naui vnꝗ patiaꝛ ꝗ quãꝗ
multo ꝓpinquius:bꝛunalis tñ error intractabile reddit. i.boꝛeales armenie
termini teſtanꝛ. Qui ꝗdiu ⊙ auſtralla ſigna graditur in vnũ mole obꝛuti ꝑ
integros ſex meſes non apparẽt:vt infra eos ſex menſes ꝛ multa eoꝛ aĩalia
frigoꝛe intollerabili pereã̅t:et pleraꝗ volatilia in nidis ſuis per integros ꝗ
tuoꝛ menſes frigoꝛis metu a medio mundi ꝯcluſa maneant:quanꝗ ab eã̅
bili linea non multo plus. 15.gradib⁹ diſtant: aut ſec⁹ ꝛ ſup mare a pꝛinci
pio ♏ vſꝗ ad caput ♓ abſentia ⊙ ſuccedente frigoꝛis flatu nauigiũ negant
atꝗ idem qõ ad boꝛeã atꝗ auſtrũ vero infra. 20. ad equabileꝛ lineã vicine
⊙ vie intollerabili eſtu locis ciro exuſtis nec aĩalium nec germinũ alimẽta
relinquenꝛ. A qñinto ſiquidẽ ♍ gradu vſꝗ ad oꝓoſitũ in ♓ ſolaris ſuper
ea loca greſſus continuo thauroꝛuꝛ eſt cuncta ſub terra feruent vt ſiccitate
ſteriles:harene inter quas nilus occultaꝛ:vt ethiopicũ mare nec nauigium
patiens:nec aĩalium ferat vicino deſup ⊙ oꝛtu ſubtilioꝛes eius aque partes
naſali tinctu hariente. Ut quidẽ reliquit ꝯcepto valido caloꝛ adeo denſum
atꝗ amarũ vt effectũ atꝗ intractabile maneat:vnde media inter ⊙ acceſſ⁹
atꝗ receſſus naſe cõpoſitis et alimentis tẽperies apta relinquaꝛ. ⊂Ex his
itaꝗ patet ꝗ ſi ⊙ vſꝗ ad nonam ſperaꝛ ſublimat⁹ eſſet vel vſꝗ ad lunarem
oꝛbem humiliatus vel inde frigoꝛe vel hinc caloꝛe nimio mundũ ſtare non
poſſe. Quãoꝛ̅ꝛem pꝛouidus auctoꝛ oĩm deus: ⊙ tanꝗ vꝉem coꝛpoꝛee vite
vomitẽ in media mundi regione mediũ poſuit. Inuenit aũt ꝛ in ipſa habi
tabili bona terrarũ loca ꝓut accedunt ad ⊙ ꝛ recedunt multa diſſilitudine
variata vt ſate vel pte quo a ſolaruꝛ circuitu ceteris remocioꝛes ſunt multa
niue validoꝗ frigoꝛe in ea terre pte ſupantur:qa humidũ multũ vult carnẽ
frigus aũt albedineꝛ habitudine carnoſa caloꝛ albedinis capillis pꝛolatus

anio inimici ingenio obtuso ceteris differunt. Ethiopes aūt siue mauri quī
eas terrarū partes habitant sup quas fertur ☉ in ♈ ♉ ⁊ ♊ nimio calore ⁊
siccitate in nasa eoꝝ supante colore nigro capillis crispis habitudine tenui
memoria debili animo leui ceteris distant. Medij vero vt q̄rti ⁊ quinti climatis ⁊ cōtigue hic in diuinationes vt que mediocri accessu ☉ atꝗ recessu
fruunt natura tꝑata:habitudine apta:pulcro colore:mobili animo:subtili
ingenio:sana memoria ceteris presunt. q̄uis in his proprietatib⁹ generalr̄
cōmunicassent. Sunt aūt ⁊ inter ipsas pro locoꝝ diuersitate speciales
quedaꝫ differentie vsꝗ adeo quo a singulis etiam ciuitatib⁹ ⁊ puincijs licet
propinquis ⁊ ꝺtiguis nonnihil tam informis hōim q̄ moꝛib⁹ ⁊ habitu atꝗ
rsu diuersitatis intersit tam pro ☉ accessu ⁊ recessu q̄ pro stellarū stabilium
natura ⁊ habitudine sup eos oꝛientiū. Q aūt he ipse proprietates singulis
annis inter augmenta ⁊ decrementa ceterasꝗ alteritates variant cum hic
nec a ☉ quidē nec a stellis vllis esset,ꝓio motu speciali intuitu compertum
est huiusmodi variatiꝵnū ☉ nunc cum errantib⁹ nunc cum stabilib⁹ ꝺuent⁹
ipsasꝗ iniuuicez ꝑmixtiones causas existere:vnde intellectū est ☉ stellas in
rerū natura ⁊ componere:generuꝗ ⁊ specierum diuisione cōmunicare:nisi
quideꝫ principalr̄ ☉ rerum nature aiantium et vite germinū metalloꝝmꝗ
generationibus ꝓest. Stelle vero magis singularum prouinciarū priuatis
moꝛibus atꝗ tenoꝛe cōmunicant:tꝑant vero aerea:nam aeris illuminatio
luminū est quoꝛū oꝛtum accedendo:occasuz recedendo seqtur. Ut vero ☉
aerez calefacit purgat attenuat:sic pro modo suo ☽ ⁊ stelle: vnde Ypocras
in libro climatum. Nist ☽ et stelle inquit nocturnā densitatem attenuarent
elementa inpenetrabilis aeris pinguedine coꝛpm oim vitam coꝛrumpent.
Dis itaꝗ de causis cum ☉ vlis rerum omniū necessitatuz solus sufficeret
requirere:associauit creator deus stellas ministras officio solari secūdaria
virtute cōmunicantes. Qm̄ igitur ☉ per·12·signa gressus tpm alteratiōis
causa est: tpm aūt alteratio elementarie resolutionis elementaris:demum
resolutio generationū oim ⁊ coꝛruptionū eundē solaris per ea signa gressū
oim causam esse ꝺsequens est:que certis tpribus discreta ☉ motu cōmittant
Alia quidē annis alia mensurnis alia diurnis:vt in vere gramina herbe et
arboꝛū folia atꝗ pleraꝗ aialia:in estate frumenti grana ⁊ arboꝛū fructus:
in autumno vernalium:in hyeme estiuoꝛ generationū coꝛruptio que cum
discretis tpribus continuent:discreta etiam ☉ loca cōsequunt. Q ergo non
oibus annis oia e adem q̄litate ⁊ q̄ntitate succedunt cum ☉ singulis ānis p
cadē loca redeat stellarū cū ☉ pticipatio causa est. Si eni solus per se cūcta
ministraret:nec hyems hyemi:nec estas estati vnꝗ dissilis foꝛet. Que vero
cottidiano successu per munduz aministrant vt cottidiani hōim et aialium
ꝺceptus partus incremēta magis sibi vlem totius mūdi superioꝛis ambitū
alligant sibi hunc inferioꝛem naturali motu agitantis consequentur.

Luna

Capitulū quartū. De ꝓꝛietate ducatus lune in marium acceſſu ꝛ receſſu.

Poſt aereeā ſolaris effectus temperiē ꝯſequens eſt lunaris in
aquaꝝ motū mariūꝗ alterius acceſſibᵒ atꝗ receſſibᵒ ducatᵒ
vt apud pꜣos ꝯſtat lumina duo q̄tuoꝛ elementoꝛ ordinem
ita partiunt:vt ⊙ ignē ꝛ aerē: ꝺ terrā ꝛ aquā ducat. Duabus
enim de cauſis ꝛ foꝛtioꝛ ꝛ manifeſtioꝛ in ꜣoc mundo luminū
q̄ ſtellarū ducatᵒ eſt. Prima quidē ⊙. ⊙ quidē.oīm ſtellarū
maximᵒ. ꝺ v̄ro celeſtiuꝫ oīm terreꝗ minima. Scꝺa ꝗ ſtellis quidē lumen
ineſt non vt radij effectuꝗ earū in motu magis. Luminibus aūt radij non
parū in ꜣoc mundo effi:aces que motu ſuo mundi ſupioꝛis vires collectas
inferioꝛi mōo per radios tranſmittūt: nā ꝛ Ypocras celeſtiū atꝗ inferioꝛis
mundi coꝛpm̄ mediatricē ꝺ illoꝝ vires ꜣis mediando tranſferre aſſerit Ut
ergo ⊙ in naſce ēperie rerūꝗ cōpoſitione ꝓualere:ſic ꝺ in aquarū motibus
coꝛpmꝗ ſtatu ꝛ accidentibus germinibᵒ fructibus odoꝛibᵒ idꝗ genus vis
efficacioꝛ: quoꝛū enumeratiōe ab alterius mariū acceſſibᵒ atꝗ receſſibus

exordimur:quo℈ vt diuerſa ſint augmēta ⁊ decremēta ita diuerſas diuerſ
nationib⁹ opiniones generant.Sunt enim qui a ſeparatione luminū vſ℈ ad
oppoſitionē acceſſū aſſerunt:hinc vſ℈ ad ꝗuentū receſſū.Oibus vero certū
ſingul etiam dieb⁹ ab ortu ☽ maris cui oritur acceſſū eam vſ℈ ad medium
eius regionis celū inde℈ receſſū vſ℈ ad occaſum eius ſequi.Cuius indo℈
pſarum℈ mari qua verſus ethiopia℈ accedit necnon in emiſperijs occeani
inſul cottidianis vſus .Altna vero acceſſuū receſſuū ꝓtinuo ſuccedentium
ſpacia h⁹modi ſunt.Cuius nan℈ maris bihorti ☽ primū emergit eius ſtatī
acceſſus incipiens eam vſ℈ ad celi cardinē creſcendo ſeqtur quā linea vbi
tranſcendit ad occaſum vergens receſſus ſuccedens:eā ꝗad occūbat decre
ſcendo comitaꝛ:vel cū occaſum ſtatī acceſſus iter incipiens vſ℈ ad cardinē
terre creſcit:a quo recedente ☽ receſſus itez vſ℈ ad oriētē ſuccedit. Fiunt
ita℈ ſingul dieb⁹gemini acceſſus gemini℈ receſſus ꝓpibus prout diurn⁹ ☽
curſus varietas per diuerſas marium ptes diuerſis lunaris ambitus cardi
nibus ſubiectas.Cum enim vt terrā globoſam maris fumoſus orbis circu
ſuſus ambit:ſic lunares ambit⁹ cottidiani.i. ☽ ꝗcircueant:ſemp ☽ aliquib⁹
tam mariū ꝗ terra℈ partib⁹ in aliquo cardine eſt alijſ℈ piter in alio vt eaō
hora vnoquo℈ momento his in oriente illis in occaſum alijs in celi ſūmo
alijs ſit in cardine terre:vnde etiā eodē piter momento alijs acceſſū maris
alijs receſſū eſſe ꝯſequens eſt:non tū oꝛbus vno modo: illis etiā qui mediū
equoꝛis pelag⁹ interim nauigio ſulcant acceſſus iniciū vno quoda℈ vndarū
feruoꝛe ſentitur:qui fundit⁹ebuliens valido aurarū impulſu pcelloſas ſtat⁹
agitans omne pelag⁹ꝗtriſtat:cuius relaxatione receſſum ſentiunꝰ.Multo
aliter hi qui litora interim habitant. Nec enim h⁹modi flat⁹ aut feruoꝛ ſed
aquarū tū tumoꝛ ⁊ erundatio quedā vſ℈ ad eos puenit:tāta℈ eſt inter ea
loca hoꝛ motuū diuerſitas vt nec ☽ h⁹modi cauſam motuū eſſe exiſtiment
nonnulli.Nec enim incipit acceſſus niſi in loco pfundo ⁊ amplo multas ac
denſas aquas ꝗtinenti fundi aſperi ⁊ montuoſi at℈ lunari vie propinquo.
Unde cum ſup ſe oꝛientis ☽ in naturali ꝗcitatu reperiunꝰ ꝗtiguas primum
impellit aquas:exiſt℈ paulati aquarū impulſus quouſ℈ extremis littoꝛib⁹
inundet:quo incipientis momento ſtatim peruenire impoſſibile erat.

    Capitulum quintum.De cauſa acceſſus ⁊ receſſus.

       Is habitis cauſas acceſſuū at℈ receſſuū ſcrutari conuenit .
       Dicim⁹ igitur ꝙ nun℈ h⁹modi acceſſus ⁊ receſſus niſi trium
       rerū ꝗuentu gignitur loci videlicet naſa aquarū habitudine
       motu ☽.Loci naſa eſt vt aquarū locus pfundus long⁹⁊ lat⁹
       vix ꝓpis impendio transfretandⁱ montuoſus aſp et dur⁹ꝗua
       leui quolibet motu acrič repcuiſſe multe vnde tumidos fluct⁹
cōcipiant. Aquarū habitudo eſt tantas in h⁹modi loco longo ex temperie
aquas eſſe ꝗfuſas vt nec in fluxu fluminū nec ex collatiōe ſontiū augeri ve

minui ſentiaſ. Que quanto tpe ꝯdenſate ſaledꝛe caleſacte denſos vapoꝛes
agitent qui terre vapoꝛib⁹ ꝑmixti agitandis yndis aſpirent. Motus auͭ ꝰ
deſuꝑ oꝛientis atꝗ occidentſ ſepius repetiͭ⁹ cognata virtute einſmodi aꝗs
trahit:qͫ tractum ſponte ſequens quouſꝗ illa accedit:accedunt vſꝗ adeo
quoad diffuſiꝰ eſeruentes loco ſuo minus ꝯtempte extremis inundent littoꝛibus. Nec enͥ ante locus tener mollis planꝰ ꝓpter aquarū diſcurſuꝫ:nec
aꝗ diſcurrentes vt flumina ⁊ amnes ꝓpter ſubtilitatē minꝰ denſis vapoꝛibꝰ
aptant hꝰmodi ꝯueniunt officio. Cauſa vero ab occaſu vſꝗ ad ͭre cardinē
ſicut ab oꝛiente ad ſumum.i.cardineꝫ ꝰ acceſſus ſequaͭ triplex. Pꝛimo ꝗ
oꝛientis ⁊ occidentis linee eꝗ diſtantes ſunt quantūcunꝗ ab oꝛtu ad ſumū
ſumitur tͫ ab occidente ad terre cardinem illi eque diſtans eſt:ſicꝗ totus
oꝛientalˀ quadꝛās toti cedit oꝛientali eꝗ diſtat:eſtꝗ vterꝗ accedens. Sꝯo
ꝗ mundi climate ſignoꝛū per celi terreꝗ cardines oꝛtus recti circuli oꝛtibꝰ
eꝗles ſunt. Vt enͥ oꝛtus atꝗ occaſus ſic ⁊ hoꝛū cardinuꝫ linee eꝗ diſtantes
ſunt. Vnde in quoto graduū numero ſignū q̄libet oꝛiaͭ in totto oꝓpoſitū
eius accumbere neceſſe eſt. Tercio ꝗ eſt ab oꝛizonte ſemp ad celi mediū ꝰ
a ceſſus:a medio vero circuli ad oꝛientē receſſus ſequaͭ:ſicꝗ et occaſus ꝰ
ſiͭr oꝛizontē ⁊ terre cardo ſiͭr celi medium ꝯueniens eſt vt in oꝛientali ſic in
occidentali q̄ꝛante acceſſu:ſicꝗ in ceͭis duobꝰreceſſus ⁊ acceſſus lunares
acceſſus ⁊ receſſus cōmitari. Sunt auͭ quibꝰ nihilominꝰ in quibuſdā etiaꝫ
aꝗs dulcibꝰ acceſſus hꝰmodi atꝗ receſſus videaͭ vt apud quaſdā ethiopie
quaſdā etiam gallie ſeu germanie ciuitates maritimas quos vicinia maris
decipit. De ſiquideꝫ atꝗ mari influentes ⁊ marinis yndis ꝯtigue cū maris
acceſſu exundante repulſe pleno alpheo illabanͭ accedere videnͭ. Eſt auͭ
acceſſus quidem aꝗ calidoꝛ ⁊ receſſus frigidioꝛ. In acceſſu nanꝗ ex imis
abiſſis ebulliunt in receſſu foꝛinſecꝰ expanſe infrigidanͭ. In acceſſu igitur
aꝗ ꝰ cōmitanͭ:in receſſu vero et ſi non cōmitanͭ ꝰ naͭaliter ynde venerūt
ad maria reuertunͭ. Statim vero ꝗ naͭaliter ꝰ tam ſup terrā q̄ ſub terra
ꝑcedenti acceſſui ſequentē receſſū tpis ſpacio coeq̄t:ſed qͫ ꝰ ſup terꝛā arꝯ
nunꝗ ſub ͭraneo eꝗlis eſt:nec hi q̄i ſup terraꝫ fuerit acceſſus atꝗ receſſus
ſub ͭraneis vnꝗ eꝗles eſſe pͭnt. Quotiens ꝗ ꝳetiri placuerit hoꝛas acceſſus
aut receſſus emiſperij ſupioꝛis notandū erit pꝛimꝰ gradꝰ cū quo oꝛietur ꝰ
deinde cū quo occidit nec latitudine eiꝰ neglecta:deinde ſumendū quantū
intereſt ab oꝛtus gradu vſꝗ ad gradū occaſuſ per eius climatis oꝛtū totūꝗ
per qͩndenos gradꝰ diuidendū. Quota igitur diuiſio fuerit tot erunt eꝗles
hoꝛe totius tpis virtuſꝗ ſpacij. Si qͩ vero. 15.minꝰ ſupͭtes fuerit ꝑs hoꝛe
eſt:totius itꝗꝗ numeri dimidiū alterutrū tpis ſpacium eſt naͭalis videlicet
acceſſus ſiue receſſus ꝰ ſupiꝰ emiſperiū obtinente. Sub ͭra nanꝗ ꝯuerſo
ab occaſꝰ gradu ad oꝛtus gradū ſubterraneꝰ arꝯ: acceſſus ſcꝫ et receſſus
inferioꝛis per ſpaciuꝫ moꝛe ſumitur:quꝗ qui certius deꝓhendere ſtuduerit:

latitudinem terre certam habeat:certumq̈ in ea latitudine signorū ortum.
Capitulum sextum. De augmento ʒ decremento aquarum.

Nter supradicta assertum est qʒ nasali quidez in accessus et
recessus vtriusq̈ emisperis in sua quaq̈ pte more eq̄les sunt
Nunc qʒ accidentalʾ interduz nōnihil ineq̄litatis intercidit
disserendū. Videʒ enim ineq̄litas alterius emisperis accessū
ʒ recessu in equali tpis q̄ntitate metiaʃ vterq̈ tñ vnius piter
vterq̈ alterius siʾtpis spacio coequatur:vt quāto emisperis
supioris accessus seq̄nte recessu lōgiores breuioresue more
fuit:tanto inferioris accessus supiori recessu longior sit vel breuior. Est eñ
hʾ more ineq̄litas inter augmenta ʒ decrementa circa horā vnā plus minʾ
ue vt si multa sit aquarū abundantia accessus more supra numerū recessus
hora paruo plus vel minus accrescat Ꝫrio sitʾ. ❡Tota igitur hec ineq̄litas
octo ex locis sumitur. Primo quidē est D a ☉ distātia luminisq̈ augmentū
ʒ decrementū. Secūdo rectitudinis D qñ medio cursui additur ad mediū
eius adiectio ʒ subtractio. Tercio loco D in circulo ecentrico. Quarto locʾ
in circulo digressionis. Quinto inter austrum ʒ aquiloné. Sexto dies quos
marinos vocant egiptis ʒ occidentales dies augmenti ʒ decreméti aquarū
qui locus non lunaris proprietatis est. Septimo longitudo diei vel noctis
aut breuitas qui locus solaris ꝓprietatis. Octauo loco est quātum ventorū
vis addicit. Sunt itaq̈ lunaris a ☉ dextere.i. quatuor loca inter augmēta
ʒ decrementa discreta. Primus D cum ☉ conuentus. Secūdus est primʾ
tetragonus cum est diatotos. Tercia est oppositio qua plurium luminū sit
Quartus est tetragonʾ. Est igitur in cōuentu luminū maris accessus validʾ
ʒ spaciosus recessus esse:addit enim ☉ ꝯiunctus in his D vicibus. Est enim
ʒ ☉ in accessu maris nōnulla vis:sicq̈ quotiens D stellis humidis iungitur
ħora siquidē qua D ☉ ꝯiuncta succumbit vt rerum vomitez rerum semina
ꝯcipiens cōceptus vires statim in subiecti elementi motus.i. maris a tactu
manifestius demonstrabat longe nanq̈ efficacior est D cum ☉ q̈ cū stellis
naturali ☉ in D priuilegio conuentus. Ab hac ergo cōuentus hora quantū
recedit D vis accessus decrescit:recessus vero augetur vsq̈ ad primū tetra
gonum:hic decremento finito versa vice accessus augmentū vsq̈ ad pleni
lunium peruenit:hinc vsq̈ ad tetragonum decrementum:indeq̈ ad con
uentum: item decrescentiam recessu accessus incrementum:excepto qʒ iter
quod in oppositione id est plenilunio vis D tanq̈ maturos conceptus pri
mus edentiʃ efficacior:sicq̈ in tetragono primo q̈ secundo. Vt igitur infra
mundi conuersionez id est diem vnum cum diurno lune progressu gemini
accessus geminiq̈ recessus: sic infra D reditum id est mensem vnum gemi
naq̈ decrementa fiunt illic inter celi hic inter lune a sole cardines. Secun
do loco prima luna collocanda est. Quo facto quamdiu rectitudo lune

medio eius adicitur vis accessus pualet: q̃diu vero detrahitur vis recessus
prepotens idcq̃ victu rectitudinis quantitatez. Cum aũt nec additur quicq̃
nec detrahitur nec accessus nec recessus vis hac ex parte crescit vel decrescit
Di vero motus etiã in aquis dulcibus fluuiis ac fontib⁰ hos ☽ ducatus p̃
cedente sequuntur. Tercio loco q̃diu ☽ abside circuli sui ex parte. 200. gra
dibus destituerit vis accessus pualet infra. 90. recessus. Quarto loco q̃diu
☽ in latitudine sua ascendit accessus vis augetur q̃diu descendit recessus.
Quinto loco q̃diu signa borealia ☽ graditur borealium marium accessus
augeꞇ australium recessus: q̃diu vero in australib⁰ est cõmutata australiuz
accessus preualet: borealium autem recessus quantũ ad hoc genus attinet.
Magis autẽ inter hec pariter post primum tetragonũ ☽ compoto addẽte
atcq̃ in inferiori circuli sui parte ab orizonte: maris enim gente in signis hu
midis cum stellis humidis atcq̃ decentibus: his enĩ oib⁰ adunaꞇ non solũ
marium accessus abundant sed etiam amnes ac fontes accrescunt. Sexto
loco sunt dies lunaci oĩm quos marinos appellamuſ. Est enim lunationis
mensis dierum. 29. ac fere dimidij quibus quadripartito diuisis singulos
quadrantes dies septem ac fere dimidij complent Igitur a. 27. mensis die
vscq̃ ad quartã dimidium sequentis mensis dies diminutim nuncupantur:
sequentes vero quatuor z dimidi⁰ augmentatiui: propterea quidẽ accessus
detrimenta quedam in his vero augmenta sentiuntur atcq̃ ad hunc motũ
sequentes duo quadrãtes inter hos duos motus vscq̃ ad. 27. dies vicissim
succedunt. Id igitur hoc modo egiptijs atcq̃ occidentalibus compertum.
Orientalibus oĩbus maris affectionũ peritis totum totis his quadrantib⁰
per augmenta z decrementa visum est hoc modo alterari: sed inter septem
dies quos illi diminutiones dicunt vnũ vel duos detrimenti inter augmen
tationes totidem esse incrementi dies constant tamen apud mensiticos inter
hos lunationum quadrantes etiam aquarum dulcium inter augmenta et
decrementa quidem altionum motus. Nonnulli vero de maritimis luna
tionum dies inter augmenta z decremẽta triptito numerantes primis. 7.
aut. 10. dieb⁰ accessus incrementum vltimis. 10. decrementuz: medijs vero
medium sentiri statum. Septimo loco est quantum ☉ etiam adminiculum
huiusmodi motib⁰ viribus addit. Licet enim ☽ quidez propius sit accessuũ
z recessuum ducatus: in augmentis tamen z decrementis eorum nonnihil
tam ☉ q̃ stelle adijciunt. Compertum enim est per diuersa maria in quibuſ
hi motus apparent certis anni temporibus inter dies z noctes hor motuũ
inter augmenta z decremẽta vim alterari cp a ☉ inter signa australia z bo
realia accidere videtur. q̃diu nancq̃ dies nocte longior est diuturn⁰ maris
accessus nocturno preualet: conuerso similiꞇ horum itacq̃ motuum quoniã
ad hoc genus attinet ad puncta equinoctialia vtriuscq̃ equalitas: ad solsti
cialia vero alterius augmentum alterius decrementũ maximum sentitur.

Est huius hoꝛ motuũ alterationis causa duplex. Pꝛima est quantuꝫ sol inter diei noctisve vicissitudines adicit. Cum enim dies nocte longioꝛ est sol diucius super terram aquas calefaciens caloꝛis viribus eximis abyssis ꝛndas euocat: vnde diuturnos aquarum motus nocturnis pꝛeualere necesse est. Secundo loco est quãtũ lune longioꝛ in superioꝛi hemisperio moꝛa tñ supaddidit cum enim noꝛ die lõgioꝛ est luna nocteſ suꝑ terraꝫ quia diutius oꝛientia signa retinet nocturnos motus diurnis moꝛe spacio pꝛefi cit. Hinc igiꝉ vt ꝑ singulos dies bini recessus sicꝫ per singulos menses bina vtroꝛũꝗ augmenta: binaꝗ decremẽta fieri supꝛadictuꝫ est sicut nunc ꝛ per singulos annos eoꝛ motuũ totidem augmenta ꝛ decrementa fieri apparet similitudine quadam illis concoꝛdantia: ut eniꝫ nocturnus accessus luna super terram sole in sagittario existente eoꝛ cõuentus accessuum simi litudinuꝫ imitari videꝉ sic oppositionis accessum diurnus sole geminos luna superius hemisperiũ occupante sicꝫ ceteri de annuis ceteris mẽsurnis incremenmento nõ vero equalitate cꝫ cõmetiri facile. Hec itaꝗ testimonia si quãdo oĩa cõueniant valida ꝛ spaciosissima aquaꝛ incremẽta consequenꝉ atꝗ omnia illoꝛ numero quãtitatis hoꝛ mẽsura succedit. Sũt igiꝉ hi. 7. ducatus naturales. Nã octauꝯ accidẽtalis cꝫtũ videlꝫ aquaꝛ motibꝰ renti magni pmane coacti pelagus omne cõcitãtes adiciũt. Clẽtoꝛ ergo omne pelagus agitantiũ duo sũt genera: alteꝛ quidẽ cꝗ alte maris vnde supernũ ad motũ scopuloso fundo repcussum: vimꝗ ad supꝛa efferuẽtes eximis vt supꝛa dictũ est abissis in amnis eueniũt. Alterũ ꝟo ꝑ auras coactuꝫ terreꝗꝫ mariꝗꝫ quẽ desuꝑ irruẽs ac marino illi in equoꝛe cõueniẽs furibundos pelagi moꝛꝯ exagitat. Pꝛimi ergo generis spẽs gemini tñ equoꝛis cõfines pmeãtes raro vſcꝫ ad litoꝛia pueniunt. Secũdi vero flãma ex diuersis locis spirantia inter terraꝛ orbẽ puolant. alijs nãcꝫ loca pꝛincipalia sũt alijs secundaria ac pꝛincipalia sunt in. 4. mundi cardinibus. Secundaria vero inter. 4. hec media. In his igiꝉ quantũ huic attinet negocio id pꝛinci paliter attendendũ cꝗ cum lune motu ab oꝛtu ad occasum maris recessus cõmitteꝉ: venti quidem oꝛientales accedendi viribus fauent occidentales obsistentes recedendi vires pꝛomouent: sicꝫ inter meridionales consepte trionales quiꝗ suis partibus aspirantes contrarijs obstant. Ꝗ ergo supꝛa diciuꝫ est naturale vtriuscꝫ hemisperiſ accessum consequenti recessui moꝛe spacio equũ esse id quidẽ ita est nisi quantũ ex accidenti vt dictũ est inequa litatis intercidat. Huius ergo accidẽtis duo sunt genera: alterum pꝛopꝛiuꝫ cuius quas descripsimus. 7. cause sunt: alterũ alienum cꝗ scilicet ventoꝛ vis adicit. Ex his igiꝉ. 8. locis omne accessuũ ꝛ recessuum augmentum atꝗ de crementũ variaꝉ. de his aũt accessibus ꝛ recessibus sententia hec vniuersalis cꝗ accessus quidẽ pꝛimus motus effectu lune naturali effectu sequitur. Recessus vero naturalis aquaꝛum vnde ad maria exierant reditus. Cum

ergo acceſſus moza longius pbucaf augmēti fere quantitate ſequentis receſſus ſpaciū bzeuiaf. Cōuerſo ſimiliˀ accidit pterea nonnihil inequalitatis
ex littozum interduz importunitate. Cum enim acceſſus exterius inundat
littozibus ſi forte vel rupium concauis vel vallibus aut foueis altis influat
parte relicta minus redire neceſſe eſt. Sic etiaz qua contra fluuios mari influentes acceſſus nititur ex recentis aquis receſſum pzeualere neceſſe eſt.

Capitulum ſeptimum

Is explanatis: nūc huiuſmodi cām lune aſſerēdā opinoz q̃
ratā relinquaf ſi cōtradicētiū opinionē infirmemˀ. Aiūt eni
nature maris ineſſe nō aliā lune potētia vt vno feruoze quodā vndas exagitet: hiſcꝫ defluētibˀ acceſſuz fieri. Si eni deſuper ambiēdo maris acceſſum agit. Cur nō amniū etiā ꞇ fon-
tiū aquas eiſdē de cauſis eiſdē motibˀ exagitaf. Quibˀ q̃tuoz
ex locis rñdemˀ. Pzimo qdē q̃ ſi acceſſuz maris nulla vis aliena ſed pprie
nature vigoz aminiſtraret nūq̃ aliqd in eq̃litati aſſumēs eodē ſemp mō
eodē tpe eadēcꝫ ſpacij quātitate fieret. Nec eni ppriū nec opˀ aliquod alie-
nū patiēs ab eodē nec ſuo habitu ad alteꝛ aliqd vmꝗꝫ recedet. Videmˀ eni
hec quātitate qualitate locis ꞇ tpibus ſemp alterari: alterationes ꝟo lunares motus inane comitari. ¶ Seéndo ꝟo loco q̃ cū aque diffluentes ad extrema diſcurrēt maiozi nimirū q̃ qui continet loco opus eſt. Si ergo mare
ex ſeipſo in amplioza loca diffluit: qua iteꝛ vi ad nō ſufficientē locū ſibi re-
pellit. Id eni in natura nō eſt vt quare nequis aliquid ſponte cōſiſtere velit
¶ Tercio loco q̃ cū aque natura deozſuz ſp atꝗꝫ in pfundū tendat: quid eſt
q̃ in acceſſu aquas nō deozſuz ſꝗ cōtrario motu efferri in alteꝛ atꝗꝫ ad ſu-
perioza cōſcēdere videmˀ. Qt cū in natura aque nō ſit: extrinſecā rei cauſaz
aliquā eē neceſſe erat: que pzeꝛ lunā nulla alia reperif. ¶ Quartus locus rō-
nē obuiat eoꝛ qua eiſdē de cauſis eoſdē motˀ: etiā dulciū aquaꝛ trāſtre ſibi vident: In quo loco maris atꝗꝫ dulcis aque differētia ſufficit: ſed ad maris aque cōflue denſe ſalebze fluminū atꝗꝫ id genˀ difflue ſubtiles dulces.
Que cū ita ſint nō oē q̃ alteris acciderit: alteri cōſequi neceſſe eſt.

Capl'm octauū.

Cum igif in natura maris tanta ſit lune virtus: ꝓſequēs videf
vt inꞇ ipſa maria: eoꝛcꝫ lunarē potētiā ſequunꞇ: a ceteris fiat
diſcretio. vt eni apud phos cōſtat luna quidē in nullo maris
ipſius inefficax eſt ſed eius vis ꞇ efficatia alias quidē maniſe-
ſta magis alias minus nō equidē ipſius aliquo impedimēto
ſed maris habitu minus adapto. Eſt igif omnis mariū habi-
tus triformis. Sunt eni mariū alia quoꝛ nec acceſſus ſit nec receſſus: alia i
quibus quidē hi motus ſed nō apparent. Alia vero in quibus ꞇ fiūt ꞇ apparent. Pzimoꝛ itaꝗꝫ duum generū trine ſpecies. In pzimo genere pzime

speciei sunt aque ille que in primetio confligi nec longi temporis condensa
te nec salebre sicq nec ventoꝝ eos motus incitantiuꝫ feraces hoc officium
proprie nulla impotentia recusarunt: vt lacus atq paludes que ex aliqua
eluuione in aliquo receptaculo in similitudine maris confuse hiemali tem
pestate accrescut estiuo tortore decrescut. Secude spei sunt mariu intrantiu
a lune circuitu remota vt vsq ad ea lune vis pertingere non possit. Tercie
spei sacri quarum fundus mollis atq labilis qui cum aquaru impulsibus
cedat nihil est q eas repcussas in accessum cogitat q circa pro mure toria
ꞇ insulas frequent accidit. In secudo genere prime speciei sunt maria quo
rum littoꝛa seu tanta abinuicem latitudie distant sui in tꝛi ab hominu ha
bitationu remota sunt vt licꝫ accedat ꞇ recedant no adest qui motus illos
indicet. Secude speciei sunt maria quoꝝ littoꝛa abinuice latitudine dꝫstat
nec inhabitabilia sunt sed a deo sut ꞇ in festa ꞇ sublimia proꝛsusq planicie
carentia vt lꝫ certa moueani non habent quo effluiant. Tercie speciei sunt
aque alijs influentes hi nanq accessus hoꝛa quibꝰ influut accedut. Tercij
generis sunt maria primeui fluxus vix temporis impendio transfretando lu
nari circulo propinqua quoꝝ fundus altus asper scopulos ꞇ littoꝛa piana
ꞇ habitabilia vt fretum indicu:psicu:scintu:gallicu:hisq similia que non p
se sed lune quoda officio vt expositu est ita mouent. Demonstratu aute est
inferioꝛis mudi coꝛpoꝝ motus priuios celestiu itus atq reditus archanis
quibusdam nature vinculis trahentes sequi vt int ipsa etia terrestria coꝛpa
exemplis superiꝰpatefactu est: ad huc itaq modu ꞇ luna maria nature sue
ongrua ad equu distantia archana quada cognitioe trahit. C Dabet aut ꞇ
sol in maris aliqd virtut: verbi gꝛa indicu ꞇ psicu cogruetia vnu quide ma
re sunt: habet tame pprietates cotrarias solares ambitꝰsequaces. psicu eni
fretu a principio virginis vsq ad caput piscu ꝛetis puitum pcellis turgiduꝫ
omni nauigio intractabile permanet. A pisce vero vsq ad virginez contra
scꝫ quietu copaciens. Usq adeo quide in principio sagittarij validissimus
feruoꝛ eius seuiat. In primo geminoꝝ cotra potetissimu quiescat. Indicu
cotra qꝛdiu nanꝫ psicum feruoꝛ seuit. indicu gescit cotrario sitꝛ vsq adeo in
primo geminoꝝ. Indicu maxime seuiat in principio sagittarij suauissimuꝫ:
Sic tanta est eoꝛu discrepantia vt perfici natura melancolici. Indici vero
colerici iudicent quorum integram distantiam notissimi nautarum certis
etiam terminis emersi sunt. Persicum enim fretum ex parte oꝛientis ab in
terfimo insularu teries ꞇ argues inchoantes occidentem versus ad sabeos
arabesq terras perducunt vsq intra poꝛtus aditi: inde ad egytu ꞇ stream
fit comeatus. Indicu aut ex oꝛientis parte ab vltimis indie finibus ince
ptum. Indeq causa profanem insulam circumfluens sicꝫ diuersas indie
atꝫ ethiopie puincias abluee vsq ad oꝛietalia. persici freti littoꝛa ptendit
Dec itaq maria p diuerso littoꝝ habitu diuersas etiaꝫ affectiones sentiunt

ad solaris ambitus diuersitaté spectátes. Cuius virtus nihilominᵒ in cete
ris quoꝗ maribus sentit ꝙ in tpe demóstrasse sufficiat.

Caplm nonú. De ducatu lune in aialibus ꞇ germinibus.

Actenus singularé lune virtuté in natura maris ꞇ aquarú quan
tum necessariú erat exequuti sumus. Deinceps ꞇ in ipsaꝗ inferio
ris mundi corporú varijs affectionibus lunaris ducatus sequen
dus est. Nec eni in elemétoꝗ tantú motibus verú in quottidianis
etiá rerum vsibus lunaris virtutis frequés ministeriú. ⸿ Sút náꝗ plurima
rex genera que quádiu luna crescit atꝗ sup loca eoꝗ ascendit incrementis
largius indulgent quádiu decrescit atꝗ a locis eoꝗ descendit incrementa
retrahunt. Idꝗ in animalibus germinibus ꞇ metallis: sic eni crescenti lu
na in corporibus aialium humores habundant: decrescente attenuant vt
etiá humani corporis vene illic pleniores hic laxiores reperies ꝙ in egrotá
tibus clarius apparet. Qui eni prioris lunationis medietate decúbunt na
tura eoꝗ fortior morbo validius repugnat: in sequéti debilior letiᵒ succú
bit. Quottidianas etiá egrotantiú affectiones quottidiane oíno lune appli
cationes ad primú locú trigone tetragone opposite ꞇ reditus meciunt: ob
quod priuilegiú hi dies inter ceteros certo noie discreti sunt. Nam ꞇ naute
in hos dies discernétes ventoꝗ nubiú ꞇ pluuiaꝗ modú dephendút. Inter
hoc est ꞇ illud ꝙ quociés hoíes noctu sub luce lune cóuersant pigricia ꞇ ra
ritate quadam afficiunt ꞇ illud quoꝗ ꝙ animaliú carnes noctu lune expo
site tam odorez, ꝗ saporé quodámodo immutát. Quod quoꝗ etiá aialibᵒ
frigidum ꞇ humidum est vt lac cerebrum medulla crescente luna habúdat
decrescente attenuat: haut secus ꞇ album oui in prima lunationis medieta
te concepti atꝗ editi habundantius cómutat: eadé omnia tam die ꝗ no
cte inter circuli quadrante diuersis locis ascendendo ꞇ descendendo. Nó
nulla quoꝗ piscium genera per diuersas aquas in prima lunationis me
dietáte de speluncis suis prodeunt in sequenti inclusa remanét. Sic etiam
ascendente luna ad superiora efferunt: descendéte ad yma mergunt. Haut
secus ꞇ vermes atꝗ reptilia fere quoꝗ ꞇ accipitres in prima lunatióis me
dietate venatu acutiores ꞇ seruentiores sunt. Insitiones etiam lune cresce
tis atꝗ ascendentis ꞇ incrementis indulgent ꞇ fructus accelerant minus
vero decrescentis ꞇ descendentis. Plura auté germina vt licium luna exsic
cat ꞇ adurit. Cuius quanta sit virtus in germinibus herbis seminibus ꞇ ra
dicibus apud eorum qui horum cultetur dediti sunt vsitatis experimentis
probatissimum constat: sed nec metalla lunaris virtutis immunia sunt om
nino que cognitores crescenti luna digniora: decrescenti minus digna re
periunt. Suntꝗ multa huiusmodi in rebus múdi lunaris ducatus officia
que vt omnia consequi impossibile sit numero enumerare singula: quicꝗ
frustra laboret.

Quarti libri capitula nouē.

Rimū de septē stellax natura iuxta ptholomeū.℃ Secundū
de earundē natura simulcp fortuna τ infortunio iuxta quos
dam plebeios astrologos. ℃ Terciū de eis q stellax natnrā
fortunam τ infortuniū ex coloribus eox mutuanī.℃ Quar﹐
tum de inuentione fortune eax τ infortonij in phica indagi﹐
ne.℃ Quintum de discretione inf fortunatas τ infortunas.
℃Sextum de diuersitate habitus vtriuscp stellax generis transitu alterute
rius alterius.℃ Septimū de mixatione stellax τ natura effectucp in tepo﹐
rum motibus.℃Octauū de stellis masculinis τ feminis.℃Nonū de diur﹐
nis τ nocturnis.

Capltm primū De septē stellax natura iuxta ptholomeū.

Ost alexādrū macedonē grecie reges egypto. 275. ānis impe
rasse narranf:quox decē continuo succedē tes oēs vno ptho
lomeus nomīe vocati sunt. Ex quibus vnus ex philadelphia
oxtus in egypto regnans astronomie librum almagesti gre
ca ionica lingua scripsit:eidē nonnulli τ astrologie tractatus
4.partiū ascribunt pluricp vnicuicp ex alijs q nihil ita confirmare uel alit
esse nostra nihil interest excepto in meo libro stellax naturas differat min°
accurate rex causas exequutus est.A sole siquidem incipiēs cum expto vt
est calidum affirmat accedēdo namcp calorē affert:recedendo frigus relin
quit. Lunam humidā q terra vicina ascēdēte vapoxe eius efficiaī.Satur﹐
nū frigidū siccum quoniā τ a solis calore τ terre vapore longe remotus sit.
Martē calidum siccum prout calor igneus firmat:quoniā soli propinqui°
calore ascendēte seruet.Joue tpatum quidē inf saturnū τ marte medius
sit Ctenerē etiam calidā humidam illud pro solis vicinia hinc pro terre va
pore vscp ad ipsum pueniēte:Mercuriū autē nunc siccum nunc humidum
prout nunc ad solē ascēdit nnnc ad lune circulum deuergit. Quā nōnulli
rex naturam altius rimati tanti viri tam improuisam euētionē sine ammi
ratione transire nequeunt.Constat enim ex libris inīuallox celestium cor﹐
pox lune circulum quo terre proximus est a terre supficie. 128.miliariū mi
libus ac vere.94.miliaribus distare singula miliaria ex ternis cubitox mili
bus.Philosophus autē mēsus est terre vapoxes a supficie eius nō plus qp
17 stadijs ex altari. Stadium vo qnadxingētox cubitox que sunt duo mi﹐
liaria τ vnum stadium que cum ita sint que tanta lune terrecp vicinia que
hic ait:naturam lune terre vapoxibus infici.Si enim luna terre vapox ca
pax esset consequi eax necesse foret que coxpoxa vapox capacia consequiī
illis sed infectis coxruptio τ dissolutio.Deinde cum martem suppositi solis
ascē dēte calore feruere asserat opinari videt solē eandē vim supioxi mūdo
infere qua in inferioxē potētia vtiī. Jnfert aūt sol inferioxi mundo caloxex

ignis ſm virtutē ignis ſublunaris mundi elementū. Sic ergo τ celeſtia cor
pora horz elementorz capacia eſſe cōſequēs eſt. Cur itacz nec mars cōtinuo
caloris effectu nigreſcit: nec ſaturnus in medicabili frigore palleſcit aut hic
inceſſabili flamma quādocz nō cōburiſ aut ille ppetuo gelu non interit: ꝗ
in corpibus harū viriū capacibus naturaliter conſequi videmus. Sic igiſ
venus quocz nec er terre vaporibus nec er ſolis vicinia calore trahit. ſiccz
nec ſaturnus frigidus ſiccus pro eo ꝗ ab vtrocz longius diſtat cū ppinquis
cōtrariorz cauſa nō exiſtāt. Similiter τ iupiter ſi er ſaturni frigore martiſcz
calore hincinde obuiantibus medi⁰ tempaſ. Et ſi quidē equalitates aliūde
obuenientes naturā eius conficiūt. Er acceſſibus eorz τ receſſibⁿ vnde tra
hunt alterū quocz ſuccūbere neceſſe eſt ꝗ accidens in rebus horz capacibⁿ
corruptio atcz ſolutio conſequi ſolet. Eadez ratio nec mercuriū eis de cau
ſis quas erponā nūc ſiccum eſſe nec humidū. Si eni corpa ſtellarz has qua
litates aliūde cōtraherēt eorz ſubſtantias eorz qualitates in ſeſe capaces eē
neceſſe foret. Sunt autem qualitates hee elemētarie ergo ſtellarz ſubſtan
tias er his elementis compoſitas eſſe conſequens eſſet ꝗ inter primordia
tractatus reprobatū eſt. Nec enim celeſtia corpora er his elemētis compo
ſita duz er alia quadā eſſentia ſimplici forma ſimplici effectu naturali mo
tu horz accidētibus ducatū pbeant.

Caplm ſecundū de earūdem natura ſitcz fortuna τ infortunio.

Quoniā itacz ſtellarz naturam fortunā τ infortunam tractare
ppoſuimus primo loco minus aptam quorūdam ſententiam
exponi cōuenit: deinde ꝗ contra ſit poſtremo quidem noſter
intellectus iurtₐ philoſophicā indaginē apparebit. Hic igiſ
quoniā imperitos ſequi nos oportet: quorz opinionē tracta
mus tam elementorz. 4. cz eorz in corpibus cōmirtionū natu
ras τ pprietates minus ſubtili ratiocinatione quadā ac ſermone plebeio in
ſequimur eorz ingenijs cōcordi. Aiunt eni omnē antiquā ſniam ſapientum
iñ eo plane intellectu cōuenire ꝗ ptiniū videlz ſublunaris mundi reruz ſub
his duobus generibus numerus comprehendaſ que ſunt ſm elementa. 4.
atcz er cōmirtione eorz compoſita opera ſuntcz elemēta ignis aqua aer ter
ra. Cōmirtiones vo colera: ſanguis: flegma: melancolica: deinde ꝗ elemē
tis natura quidez ineſt τ proprietas ſua cuicz non aūt color necz ſapor que
in rebus elemētatis inſunt. Nam color qui in igne videſ non ignis eſt ſed
materie ardentis: cuiⁿ natura calor proprietas aduſtio. Sic aer etiam cuiⁿ
• natura humor pprietas generatiua temperies ſic color aque non equidem
eſt aqua ſed rei cōtinentiſ aquā cuius natura frigus pprietas rerum elemē
tum. Terre quocz cui videnſ varij colores diuerſorz eius vaporz ſunt cuius
natura ſiccitas pprietas rerz ſuſtentatio: de ſapore non aliter cuius ſaporis
ignis τ aer manifeſto immunes. Terre vo τ aque loca diuerſa diuerſos mi

niſtrant ſapoꝛes atꝗ huiuſmodi quoꝛūdain quod non oīm eſt opinio. Jn parte ſiquidē oēs cōcoꝛdant:in parte diſſident:in naturis quidē ꝫ pꝛopꝛie tatibus conueniunt. Coloꝛes aūt ꝫ ſapoꝛes alij elementis omnibus negāt alij quibuſdam concedunt quoꝗ alia ſub diuiſio alij namꝗ aliud inter ſa poꝛes ꝫ coloꝛes tollunt:alij elementoꝛ:alij ſimul.i.aliquibꝰ:his vero illis ꝛndeꝗ igꝭ aque ꝫ terre concedunt:aquam coloꝛe albam ſapoꝛe dulcē aſſe rentes:terram coloꝛe fuſtam ſapoꝛe acidam. Quidā terre ſapoꝛē dulcē eaꝛ ratione aſſerere videnꝫ ꝙ niſi dulcis eſſet germinaꝛe nō poſſet. Jgni ꝟo ſa poꝛem negantes coloꝛē rubeū concedūt cuiꝰ ꝛōnem tam eꝛ hoc igne ꝗ̃ ful gens flammis minuanꝫ. Aeri ꝟo ꝟt ſapoꝛē negant ſic coloꝛem tollunt ꝗ̃ cō trarioꝛ capaꝛ ſit nature albi nunc nigri nunc medioꝛ complexionuꝫ inde ꝟt naturā ꝫ pꝛopꝛietatē ſic coloꝛē etiam ꝫ ſapoꝛem ſuuin cuiꝗ diſtribuerit: ꝟt ergo coloꝛein viſu ſapoꝛem guſtu conſequimur ſic naturas earum.i.cal i dum ſiccū frigidū humidū ꝑ coloꝛem ꝫ ſapoꝛē depꝛehendimus:pꝛopꝛieta tein ꝟero per effectum cum res alie alias contingunt. Eſt itaꝗ coleꝛe,coloꝛ igneus:ſapoꝛ amaruſ natura calida ſicca virtus exurere. Sanguinis coloꝛ rubeus ſapoꝛ dulcis natura calida humida virtus generatiua. Flegmatis coloꝛ albus ſapoꝛ inſipidus:natura frigida humecta:virtus nutritiua. Me lancolie coloꝛ fuſtus:ſapoꝛ ſalſus:natura frigida ſicca:virtꝰ retētiua. Ðec ſunt que de elemētis eoꝛꝗ cōmixtionibꝰ locuti ad ſtellaꝛ coꝛpa trāſeamꝰ quoꝛ naturas ex coloꝛibus tantū mutuanꝫ:nō ex ſapoꝛibus quos depꝛen dere nequierint guſtus impoſſibilitate. Stellaꝛ itaꝗ naturas caldei ſic cas frigidas humidas iuxta coloꝛ diuerſitates dephendiſſe ſibi videnꝫ iu xta ꝙ putant rex naturas coloꝛes earū ſe conſecutos aſſerentes rerum ab alijs ad alias cognatione quadam ad intellectum ſic peruenire a pꝛopin quis videlicet ad longius diſtantes. Sic igꝭ ab elemētis eoꝛꝗ cōmixtio nibus ad ſtellas pꝛogredientes naturas earum per coloꝛes indicant. Luiꝰ enim ſtelle ꝟt aiunt coloꝛ huius vel illius elementi huiuꝗ vel illius cōple xionis eſt eam ſtellam eiuſdem naturā ſoꝛtiri minime eſt. Luius vero ſtelle coloꝛ complexionū coloꝛ diuerſus cōmixtione facta cōmixte quoꝗ nature eſt:ꝟt cum terre atꝗ melancolie coloꝛ fuſcus naturam frigidam ſiccain in dicet ꝟt ſaturni quoꝗ idem coloꝛ eandem naturam eandemꝗ pꝛopꝛieta tem atꝗ virtutem iudicet ſic martis quoꝗ ſic ꝫ ſolis naturas igueas cuius in ſole appꝛobatione etiaꝫ effectus ꝟſualis pꝛecedit:veneris aūt coloꝛ inter albuin ꝫ glaucū mediꝰ eum habeat. ꝰullū ſimplicē cōplexionis alicuꝰ ca loꝛē ſimul ꝫ ꝟt ex colera ꝫ flegmate mixtus eſt ſic naturā eius inter caliduꝫ ꝫ frigidū tempatū.i.calidaꝫ humidam reꝓſentat ſic iouis etiam coloꝛ albū fſſans naturā eius tꝑatam virtuꝫ geniture congruā demonſtrat; Ɔ vero

colore albū cuz fusco maculet p fusto frigida pro albo humida natura ei⁹
intelligit. Mercuriū aūt quia discolore cernimus vt nūc viridem nunc gri/
seum aliquid vel ab his diuersi dicimus p varij coloris receptiōe naturez
varie hac rōne stellarū naturis deprehensis discretione habita quasi siue
calidas humidas seu frigidas humidas reperiūt. Quoniā hee qualitates
geniture z nutrimētis accomode sunt fortunatas iudicarunt quas vero vt
calidas siccas vel frigidas siccas pro eo cp hee qualitates corruptiue z in/
tempate sunt infortuniis addixerūt quā aūt varie nature ignorat eam p/
speram z beniuolis aduersam cū noxijs discernūt. Hac itacp rōne saturn⁹
z mars in prē noxiaz secesserūt. Jupit venus z luna in parte meliore. Mer
curius vo promiscuus. Sol quocp licet vt mars igneus quia gnāle caloris
fomentū est interdum fortunatis accedit nōnūcp infortunijs.

Capltm terciū de eis qui stellaz naturā fortunam z infortuniū colori/
bus eoz mutuant.

Iis expositis nūc quid hoc modo deceptas opiniones infrin
gat adhibendū est. Uident aūt oīno quadripharia rōne con
taminari. Primo cp saturni tam terreo cp melācolico diuer/
sus color potius plūbeus est. at iouis color si in glauco insiat
quō albū trahit cū albū alioquolibet colore infectū albū esse
desinat scz stellā mart. Ueneris aūt color manifeste subalbi
dus cū vo sole marte calidiore eē nemo dubitat si color ad naturā spectat
sole marte magis rubere necesse est. Qa aliter esse nec eoz visib⁹ ignotū est.
Ne vo mercuriū p varijs coloribus varis afficiant naturis varietate coloz
cui⁹ nō naturas eius sed visus nostros causas esse distant. Qui qm vt nō iu
xta orizontē apparet varijs terre vapores medij visuf nostros intcipiētes co
lorib⁹ suis inficiunt lunā denicp nemo qui sano lumine fruat albaz iudicat.
¶ Secūdo loco qm cōpatio diuersi generis nulla est nō ideo quidem hos
colores corpa stellaz repntāt: his qualitatib⁹ eaz naturas infici necesse est
cū enī id in huius mūdi corpibus accidat nec eniz sunt generis eiusdē quo/
rum differētias nemo notus ignorat. ¶ Tercio loco quod nec celestiū nec
terrestriū corpoz naturas vt putāt p colores eoz dephendim⁹ cōplurima
eiusdē coloris diuerse tamē nature nouerimus vt ecce nix z cāna ambo q
dē z eque cādida sūt alterz trī calidū siccū. alterz frigidū humidū. Sic apiū
z aloe coloris fere eiusdē natura trī cōtrarie. Suntcp multa huiusmodi sed
ecōuerso nōnulla quoz natura effectu potius cp colore innotuit. ¶ Quarto
loco cp cum eas stellas fortunatas indicēt que elementis cōueniūt ex qui/
bus aliquid gignit ex oibus aūt rez generatio fiat singulascp singulis cōue
nire asserant oēs esse fortunatas consequēs est.

¶ De inuentione fortune earu̅ τ infortunij, p̄bica indagine Capitulu̅ .iiij.

Unc qua discretione p̄bica indago fortunatas et infortunia
separet infinuari ordo postulat. Ois p̄bie purior intellectus
omniu̅ h̔mu̅di reru̅ vt primu̅ cuiusq̃ natura inter co̅modu̅
τ norium p̄sperit: statim inter fortuna̅ τ infortunium ordi̅e
distribuit: singulasq̃ ordinis sui generali noie appellendas
censuit. U̅nde inter oia rerum genera q̄o̅cu̅q̃ geniture atq̃
tp̄amento elementozum co̅mixtione corpozu̅ co̅positioni vite spacio salute
co̅modis: atq̃ dignitatib? tam animi q̃ corpozis accomodum extistit iure
meliozis fortune vocabulo secerni debuit. Q̄ au̅t oim hozum detrime̅tuz
corruptione̅ τ internicie̅ intendebat : id etia̅ non imerito in partem o̅ria̅
cedere d̔ueniebat. his intellectis memorandu̅ q̃ a p̄ncipio tractatus expla
natum credim?motus τ stellarum q̄litates motuu̅ effect? per hunc mundu̅
illi natali qnada̅ affectione alligatu̅ . Nunc au̅t adijciendu̅z septem stellas
que ois h̔mu̅di effect?p̄ncipale ministeriu̅ gerunt.q̃zq̃ singulariter τ vario
discurra̅t. Discursus v̔o h̔modi plures ac dissi̅les cuiusq̃ circlos ca̅s existe
re Qua̅q̃ etenim q̄libet errantiu̅ natali motu suo nec tardans vnq̃ nec ac
cellerans medio semp equaliter fera̅t: retineri tn̅ illam interdu̅m τ moueri
necesse est in circulo retrog̔dationis in circulo ex centri atq̃ vtru̅q̃ in signi
sero vtriusq̃ modu̅ τ quantitate̅ τ ptitiones dimetiente. Quibus ex causis
tam motibus earum ymo etiam τ diuersas ineq̄litates q̃ varias colozum
dissi̅litudines ppetuo alterari necesse est:quas ineq̄litates naturaru̅ quoq̃
τ pp̄rietatu̅ stellaru̅ infra varietate̅ o̅sequi ratio habet. Natas itaq̃ stella̅z
p̄bia determinat q̄ corpoza sperica motu circulari mundu̅ ppetuo ambire
describit. Proprietates vero ex hoz motuu̅ per hunc mundu̅ effectib? mu
tuatas cu̅ parte̅ reru̅ geniture τ alimente̅ accomda parte̅ ad rex corruptóz
τ interniciem inclinem vident iure parte̅ fortunata̅ parte̅z infortunij noie
notanda̅z inter hos censuit. Dec eni̅ in essencia sua alterutru̅ vnq̃ fortune
genus o̅cipiunt:sed in nobis semp vtraq̃ rep̄sitant. vnde est q̃ naturam τ
naturatu̅ discriminari necesse erat quoz altez ex causa videlicet ex effectu
dep̄henderunt. Quicq̄d eni̅ genituz est nu̅q̃ gignere̅t nisi in nata q̄de̅ erat
non actu potentia sed speciales d̔re coeuntes in actu producu̅tur: siderev̔
desup ambitu o̅citate. ¶ Dunc itaq̃ motu̅ siquide̅ hic mo̅s h̔modi casib?
subiacebat in effectu rex huius mundi: in alterutra̅ fortune parte̅ o̅cedere
necesse erat. homo siquide̅z τ asinus in nata aialium indr̄nter sunt neutru̅
altero mag̃ minusue aial aut in materia.reru̅ aliud hois corp? aliud asini
At vbi speales d̔re accesserunt ptinus alteruz bipes erecto ad sidera vultu
ro̅ne τ intellectu venturu̅ prodijt alteru̅ quadrupes pronum sensui irro̅nali
o̅tentum. Tum in specieb? singulares indiniduoz pp̄rietates accite singla
deniq̃ mundi corpoza effingunt.quoz tn̅ alijs vita stabilis:habit? dece̅na

d

forme dignitas accomode hifcȝ similia. Alijs vero contraria ꝉtingunt ge,
nitrices concitantium motuum partem fortunatã: partem noxiam censeri
consequens erat. Has ergo qualitates oẽs celesti potentia tribus modis
imitamur. Primo pro ipsius stelle cuiufcȝ motu. Secundo pro a'terius in
alteram effectu. Tercio pro receptiõe elementaria hᵒmodi actuũ. Quicgd
enim ex illis ꜩ his gignitur illozum actus consilio: hozũcȝ passionis modo
propria generatione respondet. Cum igitur ex hᵒmodi coitu apta pfectacȝ
generatio prodit ꜩ illam nimirũ cõmode egisse:ꜩ hoc amice ꝉsensisse conci
pimus:eãcȝ partez fortunatã intelligimus. Infortunia vero que nafa hoc
abhorrẽs atcȝ inuita patiens vel felicibᵒ abozsum patitur vel in infaustos
partus erumpit. Est igitur hᵒmodi geniture trina ꝑles. Prima in specierũ
diuifionẽ. Scõa indiuiduoꝛ. Tercia in eozundẽ proprijs ꜩ accidentibus.

⟪ De discretione inter fortunatas ꜩ infortunia Capitulum quintum .

Uoniam inter stellas quaſdaꝗ fortunatas: altera infortunia
esse demonstratũ est: nũc inter ipsas que fortuna sint discer
nendum est. Omnis rerũ compositio ex elementoꝛ consensu
quodã procedit quem consensum tpm temperies ãministrat
ꝑuios quarundã stellarũ motus consequens. Quecũcȝ ergo
stella ad hᵒmodi temperiem atcȝ generatiõe s rerũ ꜩ vitam
proprio motu ducit huic mundo vt est fortunata nuncupat. Que vero ad
nature discessum generatiõis impedimentũ ꜩ corruptiõe declinat merito
infortunium appellatur. Hac itacȝ rõne vetusta imago in stellarũ numero
fortunatas infortunia calidas frigidas siccas humidas masculinas femi
neas diurnas nocturnas ceteracȝ id generis tandẽ discernit. Hec eni in se
aliquid hᵒmodi sunt quibᵒ mundi sunt: sed effectᵒ earũ hᵒmodi apud nos
constans est. Singularius quidẽ vt ♄ quotiens ducatus anni principatũ
sortitur sine ♂ aliaꝗue respectu per vniuersas boree vicinias hiemale frigᵒ
exasperat vſcȝ adeo quo ad eorũ regimen aialium pluracȝ interimat et ger
minum plurima sicco frigore impediat: magiſcȝ in circulo ex centri aſcũs.
Australibᵒ ante locis estu ☉ feruidas intantũ infrigidat auras quoad hᵒ
modi temperies eoꝛ ꜩ aialium vite: saluti viribus ꜩ germinum vbertati nõ
nihil adiciat. Similiter ♂ anni dñij principatũ obtinens sine ♄ alioꝛumue
respectu borealibᵒ hyemem mitigat: australibᵒ estatez exasperat. Interim
vſcȝquo nec illi frigoris temperie parum proficiat. in hoc estu intemperato
plurimũ afficiat. Ut autẽ supra dictum est solares quidem per circulũ itus
atcȝ reditus per anni tpa sequunt Unde stellarũ cum ☉ participatio caula
est vt ♄ in quibuſdã signis boreales flatus excitans hyemale frigus auget
estiuũ calore minuit. ♂ contra in gbuſdã signis amicis austrũ indulget vt

vteroꝫ nec sue parti parũ obsit ⁊ ꝯrie aliquantulũ pꝛosit. ♃ aũt per anni tp̃a
☉ permixtus nec alijs impeditus elementa mundi ex calido ⁊ humido in
oẽm equã generationem rerum aliter anni ducatus pꝛincipale consilium
gerens. ♀ etiã ☉ permixta nec alijs impedita suis anni tp̃ibus maximeqꝫ
in hyeme aut vere annũ equa humectatiõe tempoꝝ vt ⁊ estatis ⁊ autumni
siccitatem releuet nec alter in anni dñio pꝛepotens. ☿ quoqꝫ ☉ permixtus
nec alijs interim respectus totum id tempus varijs qualitatibus veterisqꝫ
diuersis exagit: nec alter annũ regens. ☽ vero pꝛimo lunationis quadrãte
calida ⁊ humida: secundo calida ⁊ sicca: tercio frigida ⁊ sicca: q̃rto frigida
⁊ humida. Singulis etenim lunationibus totum circulum perambulans
solaris anni diuisiones imitatur que cum anni dñio pꝛeficitur: aut per ãni
tempoꝛa ☉ miscetur: nec alijs impedita anni quadꝛantes: quadꝛipartitis
lunationis qualitatibus oꝛdinat. Nõnullis autem visum ☽ a coniunctiõe
vsqꝫ ad oppositinoem calidam ⁊ humidã: deinde frigidam ⁊ humidã: qui
⁊ annum lunaris dñij eodem modo per medium findunt. Quoniam ergo
♄ ⁊ ♂ in caloꝛe ⁊ frigoꝛe intemperate exuperant quarũ qualitatũ superãs
abundantia rerũ coꝛruptionis atqꝫ interitus causam nõ iniuste infoꝛtunia
iudicati sunt: quoꝛum quia ♄ frigidus siccus vtraqꝫ qualitate generatiuis
qualitatibus ꝯrius maius infoꝛtunium est. Licet enim quibusdam partibꝰ
interdum ex eis temperies veniat: nequaq̃ id eoꝛum virtutis sed obuiantꝭ
accessus ☉ aut recessus. ☉ autem cum motu atqꝫ virtutis eius elementoꝛũ
temperies rerum compositio: generalis vite sustentatio effectu cõstet. His
tribus de causis foꝛtunatus esse cõmemoꝛatur. ☽ vero cum singulis luna
tionibus zodiacum perambulans: ãnuas ☉ virtutes quaternas in nature
temperies in rerum effectus ⁊ vires ipsius maris mutatione renouet. ipsa
quoqꝫ nec imerito foꝛtunata est nisi ꝙ ☉ pꝛout foꝛtioꝛ est ⁊ clarioꝛ foꝛtuna
maioꝛ cognoscitur. ♃ autem virtus quoniã intemperie tempoꝝ mediocrꝭ
necnon congruis geniture accomodis. ♀ vero pꝛopꝛietas item in tẽpoꝛis
temperie atqꝫ humectatione salubꝛi consumitur: ⁊ he due in partẽ foꝛtune
concesserunt. ☿ quoqꝫ effectus quoniam in leui tempoꝛum mutatione est
vt nequaq̃ a temperie mutet: ⁊ ipse in pꝛopꝛia natura foꝛtunatis aggregat̃
Excepto ꝙ multa motuũ varietate inter directum ⁊ retrogradũ tardius:
celerius ꝯtinuo distractꝰ adeo varietatꝭ capax regitur vt leuiter quibusqꝫ
alijs permixtus minus ꝓpꝛie nisi potens in earũ affectus concedat. Unde
accidit vt ꝑmixtus cũ foꝛtunatꝭ beniuolꝰ est: infoꝛtunijs noxius: cũ masculꝭ
masculus: cum femininis femina: cũ diurnis diurna: cũ nocturnis nocturna
inueniat̃ in quocunqꝫ stella fuerit eius natura accedens: que cum omniũ
aliarũ respectu carens nec apud se impeditꝰ est foꝛtunatꝰ regitur: excepto
quantũ natura signi in quo fuerit inter vtrãqꝫ partem vel addit vel minuit

Cum igitur inter has tres fortunas discernere velim°qin ♀ z ☿ inferiores
inueniuntis:ãc ♀ .47.gradibus. ☿ vero.27.a ☉ elongari cernimus:sicq ☿
magis q ♀ aduri. ♃ autem superiorem a ☉. 180.gradibus relinqui inter
eas tres esse fortunas ♃ scz quia vt sumus extitit maior attribuitur fortuna
medio ♀ minor:infimo ☿ minima. Sic ergo vtroq genere discreto. ♄ qui
dem maius infortuniu extitit. ♂ minus. In parte vero meliori sũma mõi
fortuna ☉ est:post hunc ☽ : deinde ♃ ♀ ☿. Ad hunc modum stellis inter
vtráq fortuna discretis licet his quidem fortuna illis cõtrarium attribuat
Multa tn in vtroq genere diuersitas inuenitur:vt ♂ z ♄ quanq calore et
frigore exuperant: quibusdam interdum temperiem pariunt: sitq illis ex
infortunio fortuna. Sic igitur econtrario fortunate pleruq,put in circulis
suis ascendunt:descendunt:stant retrogradantur adustioni casui z ericio
incidunt:infortunij vicem ineunt. Q ergo de stellarũ fortuna z infortunio
apparet non equidé ex natura earum est sed proprietate. Si enim ex nata
esset ♂ effectus ☉,consequeretur:semper tn infortunium in proprio statu
infortunium est. Fortunate quoq in suo quidé habitu beate licet vtrorũq
vt dictum est casualium affectionũ multa variatio fiat. Exempli gra igne
quidem natura calida sicca: pprietas exustio que si nature eius esset omne
calidũ siccum vrere necesse fore. Consequenter tn proprietaté eius diuersi
alij effectus:vna eademq siquidem hora ignis vrit calefacit siccat stringit
firmat solũ humectat:vel in diuersis vel in eodé etiã aliquo corpore vel sit
vel ptinuo que ab exustione diuersa sunt. Sic igitur z fortuna atq infortu
nium nõnulla stellarũ est sed pprietas quedaz z virtus:sicq virtus generis
diuersa alia pleruq accidunt. Hec itaq pprietas stellarũ biptita est:altera
siquidé verac[atq imutabilis ducatus nec astrologo necessaria vt effect°
fortunate:fortuna infortunij ãrium. Idq in diuisiõe speciez sub generib°
indiuiduoz sub specieb° eorum cõpositionis ãtitas. Hec eni licet concepti
spermatis aut sementis aut institionis variationez habeat: non tn variatio
hec ad spém ipsam transmutandaz sufficit vt ex hominis spermate in hoie
aliud q homo fiat:aut equi in equo aliud q equ°:sicq de ceter[tam aian
tibus q germinib° vel metallis. Nullũ quippe sidereo ducatu spém mutãs
sed in ipsis z circa ipsa qua'litaté:quantitaté:status:habitus: affectionum
oimq tam intro q extrinsec° accidentium: ois variatio sidereos ducatus
sequat. ¶Altera pprietas astrologici artificij cui° sunt diuerse stelle cuiusq
pro diuerso habitu atq statu suo ducat° ad diuersa singuloz indiuiduorũ
accidentia vt sunt effectus corruptio corporis:status:quantitas:qualitas:
habitudo:forma:color:animi habitus:sensus:cõmoditas extrinsecus ac
cidentium casus:hisq similia. In his enim nonnunq accidit:fortunatos
ledere:infortunio blandiri:pro modo status sui z affectionum per diuersa
circula signorũq loca rerũ accidentib° accomoda vel inepta: verbi gratia

♄ proprietas infortunium: qui tn̄ die super terraz orientalis directus tam
in seipso q̄ in loco suo salu⁹ in vim fortunate concedit. Sic ergo fortunate
contra tam suis q̄ locoꝝ incōmodis deprauate. Itacꝫ stellarum ducatus
biꝑtitus reperitur inter proprium ⁊ accidēs:vtercꝫ tn̄ suo tp̄e in suo genere
firmus:quoꝛ quin partita subdiuisio. ¶ Primo quidem loco boni maliue
effectus proprie stelle virtutis in singulis tp̄ibus vt in diuisione specierum
indiuiduoꝛum:vnde alteruz altero melius atcꝫ dignius gignitur. ¶ Scōo
eodez tempoꝛe in diuersis rebus effectus diuersi vt ♄ anni dn̄s simul aliis
terrarū partib⁹ intolerabile frigus infert:aliis blandā temperies. ¶ Tercio
diuersoꝛū effectus in diuersis tp̄ibus vt in boꝛealibus mundi partibus per
signa boꝛealia:in australib⁹ per australia. ¶ Quarto cum fortunato infoꝛtunij vicē suscipit aut infortuniū fortunate. ¶ Quinto quantū diuerse stelle
motus rerun diuersitati adisciunt. Hec est igitur vtriuscꝫ stellarū discretio
phica indagine deprehensa:his itacꝫ discretis nunc vtriuscꝫ stellarū generz
habitudinū diuersitas indagāda. ¶ Quāuis enim vt dictum est alie fortunate alie sunt infortunate vtriuscꝫ tn̄ generis in alterius proprietatē trans-
foꝛmādi duplex causa repitur. Vna quantū in ipsa stelle habitu ⁊ affectiōe
Altera quantum loci qualitas adicit:sic tn̄ alie infortunio promptioꝛes:alie
fortune impensioꝛes. ¶ Est itacꝫ p̄rius cuiuscꝫ habitus atcꝫ affectio vt sit
calida sicca frigida humida diurna nocturna orientalis occidētalis: inter
hec ⁊ gradiendi mod⁹ cetereacꝫ eoꝛū que in ipsis sunt. Loci vero q̄litas vt
domicilium principatus trigonus termin⁹ cetereacꝫ dignitates vel his ȝria
Infortunium ergo si q̄ñ ex vtrocꝫ genere beatus fortunate vicem suscipit:
vtriuscꝫ vero melioꝛi parte desertum vi propria noxium relinquitur magis
coꝛruptum:fortunate contra vtrocꝫ genere damnate infortuniis officium
gerunt: liberos beniuolentie effectus consequenter magiscꝫ foꝛtes: vt ♄ in
naturali oriente trigoni dn̄s cardinē tenens tam in se salutis q̄ loco foꝛtis
nutriture infantz: atcꝫ vite non incōmodus vtrocꝫ lesus vel coram melioꝛi
desertus nutrituraz negat. Idem questuum atcꝫ possessionum dux prout
dictū est aduersis perditiōe ⁊ damna paratus salutis ⁊ foꝛtis cōmodus
¶ etiam nutriture dux prout expositum salutis et nutriture et vite salubris
coꝛruptus contra. Item questuum dux salutis abūdantiaz aggregat:coꝛ
ruptus detrimenta patitur. Sic ergo quoniam vtruncꝫ stellarum generis
mundi rebus nunc amicum nunc aduersum reperitur:consequens videtur
vt habitudinum genus h⁹ mōdi alterati omnes aministrantes exponam⁹.
Dicamus igitur q̄ natura diei temperate calida est:noctis vero frigida hu
mida. Stella quocꝫ orientalis quidē calida humida:occidentalis frigida
sicca excepta ☽ cuius inter oriens ⁊ occidens alie sunt affectiones.

Itaq᷎ ħ quanq᷎ in frigore ex
uperet in quibuſdã tamen locis
temperie blanditur: ſitq᷎ illis q᷎ſt
fortunata: ſicq᷎ i ſignis diurnis
orientaľ in aliqua dignitate ſua
quantumcunq᷎ ex his comodũ
legitur tantũ fortunate impēdit
Idemq᷎ nocte i ſignis nocťnis
occidētaľ in caſu aut exicio ſuo
plenũ infortunium eſt quantu⸗
cunq᷎ ex his incõmodis ceſſaue
rit tantuz fortunio accedit. Hic
itaq᷎ licet inter vtráq᷎ parté fo⸗
tune alternet infortunio tamen
multo promptior. ♂ ſimiliter q᷎
in calore abũdat nocte in ſignis
nocturnis magiſq᷎ frigidis humidis occidentalis in aliqua dignitate ſua
fortunato officio rerũ ſaluti accedit contrariis affectus pro more ſuo no⸗
xius eſt:⁊ hic infortunio magis acliuis.

♃ etiam vt cũ natura ſua tem
perate calida fortunatũ reddés
diei naturã adaptet: diei ſignis
diurnis orientaliſ in dignitatib᷎
ſuis plena fortuna eſt quantoq᷎
liberior atq᷎ beanor táto como⸗
dior. Nocte in ſignis nocturnis
occidentalis loco aduerſo infor
tunii vicé patiť magiſq᷎ ſi partez
cũ his incomodis et circuli loco
aduerſo teneat quale eſt octauũ
ſextum duodecimũ. Dec tamen
ſtella quia fortune impenſiorz
eſt infortunio tardus auz min᷎
aſſentit.

CCum autem omnis rerum ge
ncratiōis pater exiſtit, vniuerſalꝰ
☉ ꝛ ipſe quidez mūdi fortuna
eſt:interdum tñ caloꝛe interduꝛ
frigoꝛe inimico a deo iſoꝛtuniſs
accedit vt ꝛ animantium et ger⸗
minū per plurima loca interituſ
atꝗ detrimēti cauſa exiſtat. Eſt
ergo foꝛtunatus trigono et exa⸗
gono:infoꝛtunium vero coniun
ctione et oppoſitione tetragono
inter vtrūꝗ stellarum etenim cū
☉ coniunctio locis quoꝛ talem
circulum permeat ſimul eſt. Op⸗
poſitio vero quibꝰ longiſſime re⸗
cedit. Tetragonus locis que inꝰ
parte anni contingit in parte longe relinquit. Medijs vero trigonū ꝛ ex a⸗
gonum eum quoniā die eſt de ſignis diurnis atꝗ in aliqua dignitate ſua
apprime beatus pꝛobatur:contrario contrarius:ꝛ foꝛtuna maioꝛ ꝗ̃ infoꝛ⸗
tunium.

CSed ꝛ ♀ ꝗ̃ꝗ̃ temperatuſ hu⸗
moꝛ temperatam reddens nec
noctꝰ accomodat:nocte i ſignis
nocturnis atꝗ in dignitatibus
ſuiſ foꝛtuna manifeſta de quibꝰ
quantum deſuerit tantum foꝛ⸗
tuna minuitur vt contrarijs af⸗
fecta etiam infoꝛtunij partez re⸗
cedat:magiſꝗ i aduerſis circuli
locis cuius ad foꝛtunam volup
tates ꝛ pꝛolem ꝗ̃ ad infoꝛtunia
ducatur pꝛomptioꝛ.

☉

♀

ᷘ 4

¶ ♀ vero prout diuerſitatis ca／
pax eſt facile in vtranꝗ partem
conuertitur. ☽ quoꝗ vt pro ☉
mutatiōe foꝛtunata nocturnuꝗ
lumē eſt: nocte in ſignis noctur
nis in aliqua dignitate ſua ma／
nifeſte foꝛtune eſt:ꝛtrario cōtra
Eſtꝗ ꓕ hec foꝛtune magꝲ aſſen
tanea. ꝙe igitur ſtellarum habi
tudines; locoꝛumꝗ accidentia
inter vtramꝗ foꝛtunam augent
mutant minuunt in his accedit
quantum ꓕ permixtio ſtellarum
adicit cuius alie magꝲ alie minꝰ
capaces.¶ Nā � vt naſꝛ groſſe
motꝰ piger eſt aliquid boni ma／
liue ducit:in natali autem rerum pꝛimoꝛdijs rem imperpetuum firmat: vt
licet poſtea alie miſceatur parum mutetur. ꝗ quoꝗ quoniaꝫ motu piger a
pꝛimoꝛdiali ducatu ſuo dum nubi foꝛtis fuerit non facile: deinde permix／
tionem aliquaꝫ mouetur. ♂ vero non adeo rigidus quanto celerioꝛ tanto
eiuꝲꝗ vires faciliue admittat. ☉ autem vt tempoꝛum alterationes ducatū
gerat quibus alterandis ſtellarum permixtiones accedūt receptus earum
vires inferioꝛi mundo transfert. ♀ autem vt celerioꝛ eſt vel magis paſſiua
vel multo facilius permixtis quibuſlibet concedit. Nam ☿ vt cōmunem ꓕ
quamlibet parteꝫ flectitur. ☽ deniꝗ vt cottidiani rerū vſus vicem gerebat
ꝗ́maxime diuerſitatis opus erat:ideoꝗ vt citius omnium reſpectus ꓕ con
iunctiones excipit ita omniū affectibus facilius inficitur. Itaꝗ infoꝛtunia
licet interdum beniuoloꝛum vicem gerant non tamen foꝛtunate dicuntur
ꝗoc enim infoꝛtunij foꝛtunam pꝛoꝛſus nec ipſius ímunem vel ſine multo
laboꝛe adipiſci vel ſine multa animi vexatione tenere quiſꝗ pōt vt plerūꝗ
ꝛoꝛum foꝛtuna etiam infoꝛtunij fiat occaſio. Sic foꝛtunate licet interdum
ledant non tamen infoꝛtunia dicantur. ꝗoc enim earum infoꝛtunium vel
adeo graue eſt vel melioꝛis ſpecie ad tantū vt ipſum quoꝗ plerūꝗ optatꝰ
finis excipiat Dꝛaconis caput quoniaꝫ ab eo ☽ aſcendit ꓕ ipſum foꝛtunati
accedit cauda infoꝛtunijs a qua deſcendit:vtrunꝗ tamen vtriſꝗ varijs de
cauſis permiſcet quas vt de ceteris dꝛaconibus inſequētibus exequemur.

Capitulũ ſextũ de diuerſitate habitus vtriuſq̃ ſtellarũ gener̃ traſitu.
Unc itaq̃ ſtellax̃ naturas eax̃q̃ cõmutationes tractare cõ
uenit. Sciendũ eni q̃ ſtellax̃ corpora nequaq̃ in ſeipſis qui
dem calida frigida vel humida ſunt: ſed earũ nature prout i
ipſox̃ ducatu apparet aſcribif̃. ¶ Cõſtat itaq̃ naturã ſingu
larũ ſtellax̃ in geminis elementis: quox̃ alterũ ſtabile ꞇ i mo
tũ niſi quantũ virtus eius inter augmẽta ꞇ decremẽta pro di
uerſis accidẽtibus variaf̃. Alterũ vero diuerſis actionib° mobile vt ſaturn°
quidẽ quantũ ex ducatu eius compertũ eſt intempate frigidus intempatũ
vero frigus ſiccum eſt. ¶ Sic itaq̃ dicimus ſaturni naturã frigidã ſiccam.
In hac ergo natura frigus quidẽ vt actiuũ imobile niſi quantũ interdum
augef̃ vel minuif̃. Siccitas v̄o interdũ cõmutaf̃ vt eni elementũ paſſiuũ eſt
leuiter adeo variaf̃ vt pleruq̃ in aliã qualitatẽ transferaf̃.

¶ Quotiẽs eni ſaturnus a me
dio abſidis ſue circulo aſcendit
in frigore ſicco viget ſicq̃ in ſi
gnis quadratib° circuli frigidis
ſiccis que cũ omnia cõueniũt in
vtraq̃ natura ſua firm°eſt. Nã
in calidis ſiccis frigus quidem
minuif̃ ſiccitas iuuaf̃. Deſcẽdẽ
te aũt vt diximus atq̃ in ſignis
humidis ſiccitas minuif̃: hic ſi
pariter ꞇ in quadrãte humido
atq̃ in termino humide ſtelle ſi
mulq̃ a ſole in orizõte humido
fuerit hic ſi inquã ſimul ois cõ
ueniant adeo ſiccitatẽ deficere
neceſſe eſt ut humore ſucceden

te naturã ſaturni frigida humida repiaf̃. Viget igif̃ in frigore humido quã
diu a medio abſidis ſue deſcendit. Qui ſi pariter que dicta ſunt conueniũt
in humore ſuperat qui eſt ad oppoſitũ abſidis frigus et° debilitaf̃ ꞇ humor
minuif̃: hic ſi pariter in quadrante calido ſicco terminoq̃ ſtelle calide ſicce
fuerit in ipſa hora conſumpto humore ſiccitas recuperatur vt natura eius
frigida ꞇ ſicca relinquaf̃.

℃ Similiter mars cuɔ p effectu
suo intempate calidus inuenia
tur:nec vero caloɹ intempatus
nisi siccus naturę ei°calida ꝝ sic
ca iudicaɹ. Jn qua natura calo
rũ quidẽ vt elementũ agens in
motus nisi quãtũ inter augmẽ
tũ ꝝ detrimentũ nõ variaɹ.Sic
citas vo vt ĩ saturno est interdũ
cõmutaɹ:vt enim calida loca sa
turni frig° iminuerit. Sic mar
tis caloɹeɔ frigida . Siccitatem
vtriusꝗ sicca iuuãt humida mi
nuunt ꝝ cõmutant.℃Jouis au
tem natura eɹ calido tpato loc
cognatis iuuaɹ cõtrarijs.ĩnter vtrũꝗ cõpationis terminuɔ variaɹ tñ caloɹe
imutato.℃Sol quoꝗ naturaliɹ calidus siccus qui duɔ in circulo° suo ascẽ
dit caloɹ sicco pɹeualet ꝗd in descendit caloɹ humido quo vbi loca humi
da accedũt humoɹi addũt.Sicꝗ in pte cõtraria:nã de calidis ꝝ frigidis al
ter a calido altera sicco fauent.℃Ueneris etiã naturã calidã humidã que
deiouis natura dicta sunt consequeɹ.

℃Mercurij vo natura ꝗdiu in
circulo suo ascendit miɹtũ sicca
p aɹ frigida:descendente humi
da cũ modico frigoɹe: sicꝗ om
niũ quatuoɹ qualitatũ capaɹ fa
cile ad quaslibet pmiɹtionesva
riaɹ . ℃Luna aũt vt in circuitu
suo est.4.solaris circuitus tem
pora quadã mutatioẽ renouat
quoɔ in pɹimo lunationis qua
dɹante vernalis naturę est:si in
térim ex centri circulo suo ascẽ
dit caloɹ humoɹi ħualet si descẽ
dit conuerso.Jn secundo qua
dɹante cũ ascẽdit estiue naturę
caloɹẽ siccitas effrenat.Lũ des
endit tempatũ reddit. Jn tercio ascẽdête siccitas frigoɹi descendête fri
gus siccitati pɹeualet. Jn quarto demũ ascendens frigus descendens hu
moɹẽ pɹefert.℃Bis accedit quãtũ vt de ceteris dictũ est locoɹ qualitates

a diſciůt. Pzeterea ſuperioʐ triů ſtellarů natura ex quo ozičtales fiunt vſ$ ad pzimã ſtationč ſicca aqua vſ$ quo aduſtionč intrent frigida. Jnſerio/ rů duarů ex quo retrogradando ozičtales fiůt vſ$ ad directionez natura humida. Jndeᴄ$ vſ$ ad côiunctionč ſolis calida. Aqua ex quo ſemel oc/ cidentales fiunt vſ$ ad retrogradationč ſicca. Vnde ad côiůctionč ſolis frigida. Capitis aůt natura calida. Caude natura frigida.

Capl̃m octauů de mutatione ſtellaʐ ʐ natura effectuᴄ$ in tp̃m mot°.

Onſequês eſt ꝟt inter ſtellas quaʐ naſa expoſita eſt ſeʐ q̃ᴄ$ diſcretio fiat. Lů eñ quicqd in hoc můdo gigniꝶ p̃mo ſer uů coitu côceptů deinde in natura côformatů maturo tandem partu in luce pzodeat. Cůᴄ$ můdi huius generationů ſtellaʐ coʐpa pzimozdiales cauſe exiſtant ʐ inter ipſas ſtellas ſexus diſcretionč fieri côueniebat. Lů aůt in ſexus pzopzietate ma ſculus quidē natura calida ſicca ſozet virtus actiua:feminee vero natura frigida humida virtus paſſiua quoʐ coitus.i.alterius actio ců alteri° com paſſione genitura temperič miſceret ſtellas nature calidas virtutis actiue maſculas.humidas vero atᴄ$ virtuᴦ$ paſſiue femineas foze iudiciů tribuit Sic igiꝶ ſol mars iupiter maſculi ſunt. Saturnuſ ců ſit frigidus ſiccus. Fri/ gus aůt elementů actiuů atᴄ$ ſiccitas de genere caloʐis ʐ tpe in maſculi pᴦ$ conceſſit quicqd caloʐis expers eſt ad maſculos ducit natura imbecilles modice virilitatis quales ſunt mares infrigidati deſides ignaui ſteriles ac veneris impotentes. Mercuriů etiã habundãs in eo ſiccitas de genere ca loʐis maſculis annumerãt q̃ quoniã tanta ſiccitas aliena caloʐis acutum reddit ad maſculos ducit ingenij perſpicacis alie pzudentie neglectos ve/ neris modice ſtrenuitatis. Dec itaᴄ$ ſiccitas quoniã elementů paſſiuů eſt leuiter ipſe inter vtraᴄ$ ſexum alternaꝶ. Vnde venus ʐ luna femine relin/ quunꝶ. Caput quoᴄ$ ad maſculos cauda ad feminas ſpectat. Dec itaᴄ$ diſ cretio licet naturaliter quidē huiuſmodi ſit contingit tamen diuerſis occa ſionibus ꝟt de natura dictů eſt inter ſtellas ʐ ſexuů alternatio. Ozientales eteñi maſculi fingerůt occidčtales femine leuitatis ſunt ſicᴄ$.circuli qua/ dzantes ab oztu vſ$ ad ſummů atᴄ$ ab occaſu ad imum maſculi reliqui fi nis vicem ſuſtinent.his accedit quantum ʐ ſignoʐ atᴄ$ domicilioʐ circuli inter vtrůᴄ$ ſexum adicit.

Capitulů nonů de diurnis ʐ nocturnis.

Estat sic vt inter diurnas ac nocturnas stellas discernamus
q eni aliarū natura diei aliaꝗ noctis nature aptioꝛ inuenī
id ipsum huiusmōi discretionē exigebat. Sic ergo saturnus
quoniā vt dictū est natura eiꝰ die tempaꝛ diurnus est.ꞓ Iupiter quoꝗ ꝓut natura eius diurna est.ꞓ Mars aūt cuiꝰna
tura nocte mitigaꝛ nocturnꝰ.ꞓ Sol quoꝗ vt lumē diurnuꝛ
diurnus.ꞓ Uenus aūt ꝓut natura eius nocturna est ꞇ ipsa est.Unde est
qꞏ qñ est occidētalis qñ ea pars nocturnee atꝗ feminee nature impensioꝛ
est foꞛtuna repiꞇ. Nā oꞛiētalis atꝗ die sup terrā ꞇ ī signis masculis minoꝛ.
ꞓ Mercuriꝰ aūt qñ die calidus siccitas cognata caloꝛis impꝛopꝛie ducatu suo.Oꞛientalis diurnus est occidentalis nocturnꝰ:hic foꞛtioꝛ ꝗ illic per
miꝛ tis tamē stellis inter vtrūꝗ genꝰcōcedēs.ꞓ Luna demū vt lumen no-
cturnū nocturna.ꞓ Caput quoꝗ diurnū cauda nocturna sicꝗ dꞛaconum
stellarū capita ꞇ cauda. Itaꝗ stelle diurne oꞛiētales qñdē foꞛtioꝛes sunt
nocturnis cōtra nocturne qui quāꝗ diurnꝰ foꞛtior tamē occidentalis: directus eni occidētalis fit retrogradus oꞛientalis.

Quinti libꞛi capitula. 18.

Ꝛimū de stellaꝛ dignitatibꝰ ꞓ Secūdū de stellarū domiciliis iuꝛta ceteros astrologos.ꞓ Terciū de stellaꝛ domicilijs
iuꝛtā Ꝑtolomeū.ꞓ Quartū iuꝛta hermetē post abidemon.
ꞓ Quintum de stellaꝛ pꞛincipatu iuꝛta ceteros astrologos.
ꞓ Sextū de stellaꝛ pꞛincipatu iuꝛta ptolomeū.ꞓ Septimū
iuꝛta hermetē post abidemō.ꞓ Octauū de stellaꝛ terminorū modis ꞇ diuersitate.ꞓ Nonū de terminis egyptioꝛ ptholomei alioꝛꝗ
ꞓ Decimū de terminis indoꝛꞓ Undecimū de terminis caldeoꝛ. ꞓ Duo-
decimū decanis eoꝛꝗ dñis iuꝛta persas babilones ꞇ egyptios.ꞓ Terciū
deꞓimū decanis eoꝛꝗ dñis iuꝛta indos.ꞓ Quartūdecimū de nouenis signoꝛ iuꝛta indos.ꞓ Quintūdecimū de duodenarijs signoꝛuꝛ singuloꝛꝗ
dñis.ꞓ Sextūdecimū de gradibꝰmasculis ꞇ feminis.ꞓ Septimūdecimuꝛ
de gradibꝰlucidis ꞇ obscurꞇ rectis ꞇ obliquis.ꞓ Decimūoctānū de puteis
stellaꝛ ī signis necnō foꞛtune addentibꝰ.

Pꞛimū capitulū de stellarū dignitatibus.

Ꞓpte stelle inꞇ celū ꞇ terrā medie cū ꝑ mediū celi oꞛbē ꜵtinuo
discursu mūdū ꝑꝑetuo ambiētes ois seculi ꝑuijs motibꝰ vniuersos ducatꝰgerāt ex illo oꞛbe tāꝗ errario celestis potētie su
perna decreta varia infra circuitū collecta subiecto sibi mundo inferioꝛ eoꝛꝗ poꞛꞛectꞇ lumis sui radijs ministrare vidēꞇ
Qñ igiꞇ ī tꞛāsactis hucusꝗ tribꝰ post pꞛimū libꞛis singuloꝛ tā signoꝛ. 12.ꝗ
stellaꝛ.7. suā seoꞛsuꝛ cuiusꝗ naturā ꞇ vtutē ꝑꝑemodū executi sumꝰ. Lonse
quēs vidēꞇ vt deinceps eaꝛ stellaꝛ cū his signis nasꞇ ꞇ pꝛꞛierāꞇꞇ cōmunioꝛ
quādā ī ꞇerū effectu societatē inseꝗmur.ꞓ Stellaꝛ inꞇ signa pꞛicipales di

gnitates. 5. sūt. circulo sex domiciliuȝ. pncipat⁹:termin⁹:trigon⁹:decanus:
gaudiū:duo v̊o singulis cōtraria casus ꜩ exitū:terciū oȝm oppositū exiliū
Post hoc diuersi gradus inter vtrūcȝ boni maliue affectū que nō sine causa rōnabili oppinione aliqua. Unde indubitata nec ꜩ virtutis cognitione
retusta indago ita distribuit:longo nācȝ tpe cōtinuos stellarū per signa re
ditus summo studio psecuta cū inter signa stellarū hec natura vigere vir-
turē augeri ſdcȝ illic contra cū insignis integris cū determinatio graduum
nō videt collectione inf signa ꜩ stellas habita dignitate alias p fili vtrocȝ
distantia:alias p vtrozūcȝ natura ꜩ virtute cognata:alias ob aliā atcȝ aliā
cōsensus aptitudinē distribuit. Idcȝ ita nimirū cȝ cū oēs stelle in omni signo in rerū effectu inter generationes varias cōmixtiones videt inf ipsas
cōmixtiones p diuersa loca vario vtrozūcȝ affectu multā inequalitatē atcȝ
dissimilitudinē inueniebāt.

Capłm secundū de stellarū domicilijs.

Ignitatū itacȝ distributiohes a domicilijs exordiētes min⁹
aptā quozūdā sniam i primis cōfutamus. Nemini quidē am
biguū saturni domicilia capricornū esse ꜩ aquariū: iouis sagittariū ꜩ pisces:mart̉ arietē ꜩ scorpionē : vener̉ thaurum ꜩ
librā:mercurij geminos ꜩ virginē:solis leonē:lune cancrum:
sane vero nō parua dissonātia. Sunt eni q̊ turpilogo quodam stellaȝ circuloȝ qualitate atcȝ nature ppriet atib⁹abutentes asserant
singulas stellas singulis dieb⁹nihil medio suo cuiuscȝ cursu plus minusve
vncȝ isse quouscȝ soli ꜩ lune alligate i huiusmodi cursu plus minusve vncȝ
isse. Cum sol. 15. leonis gradum:luna. 15. cancri obtinebat. Cum singule
sua domicilia iuxta ligaminis sui longitudinē occuparūt. Erat eni vt aiūt
mercurij ligaminē graduū. 21. punctoȝ. 30. cȝ a loco solis p ordinē iñ. 7. vir
ginis gradib⁹incidebat. A loco lune contra ordinē i. 24. gemioȝ. Ueneris
aūt graduū. 47. punctoȝ. 11. quidē a sole i librā a luna i taurū incidit. mar
tis vero graduū. 78. vnde ad arietē ꜩ scorpionez puenit. Iouis graduum
120. vscȝ ad sagittariū ꜩ pisces porrectū. Saturni. 136. vscȝ ad capricornū
ꜩ aquariū hac itacȝ de causa domicilioȝ huiusmōi partitionē asserit̉. Qui
bus ita facile obuiam⁹. Si eni hi ligaminū grad⁹ stellarū rectitudinis gra
dus sunt cōtra est quidē supioȝ stellarū rectitudinis gradus pauci sunt:li
gaminū vero cȝplures. Itē si ligaminū gradus hi sunt quib⁹a sole trāsact̉
ipsas retrogradi ꜩ dirigi necesse est illud cȝ esse posset. Est aūt contra cȝdez
ea curuus cȝ multo tamē tot gradus retrogradit̉. Mars uero multo plus
ficuti aūt hi gradus sunt quantū stelle a sole recedunt erit supioȝ omniuȝ
180. Si v̊o eaȝ rectitudinis non plus cȝ hec est eas a sole recedere necesse
est. Nec igit̉ hec domiciloȝ pticionē cām eē. Sūt aūt ꜩ alij alias atcȝ alias
eque ineptas causas repsentent quos longi⁹prosequi ociosum e sset.

Capl'm terciũ de stellarũ domicilijs iuxta ptholomeũ.

Is repudiat quõ huic particioni carmẽ ptolome'tribuat ex
ponẽdũ est. Septẽ vt ait stellarũ p signa. 12. discurrentiũ du
catus oẽs huiusmodi generationes z corruptiones cõsequi
Inter quas ceteris vniuersalioz lumẽ p vniuersuz oz̃be vir
tus z effectus cõstat ex quib'luna terre vicina cursu citissima
plurima alterationis maxie v̊o stellaz ducatus apparet cuz
nobis prime fuerit signoz quocq,prima cancer z gemini. S3 gem:ni signũ
masculũ in quo sol veris finẽ terminat:que duo id signũ a natura lune se
pauerũt. Cancer aũt signũ femineũ estatis initiũ humiduz sicq luna' stella
feminea humida ad initia rez duces. Quatuoz itacq de causis qñ vt inter
stellas luna citima sic cancer inter signa amboq humida ambo feminea
pariter ad initia rerũ dñcẽtia luna cancrũ obtinuit . ¶ Sol aũt quomodo
oztu suo mundũ calefacit anniuero tempus calidius estas est cum p can
crũ z virginẽ sequẽs plurimũ in leone vigeat:signo masculo calido ficco .
Sol quocq stella mascula calida sicca cũcq leo mediũ estatis vt sol stellarũ
medi':his decanis z sol leonẽ occupauit. Amplius qñ sol quidẽ lumẽ di
urnũ:luna vero nocturne mensura cõiunctione z oppositione rerũ genera
tiones mouent vitant sustentant:cõiunctionis aũt z oppositionis eozuz in
his duob'signis effectus manifestioz cancer lune leo soli cõcessit. Cum igif
hec duo signa estatẽ luminib'p ducatu eoz ad generationes rerũ z vite su
stentationẽ concessit merito opposita eis hiemalia saturno cõtrar j affect'
attributa sunt. sic itacq post lumina ad vltimã stellã ex vltimis signis nume
ro sũpto vel penultimo pzimo ioui penultima Sagitarius z pisces ozdi
nata sunt apta q̃ in amica luminariũ domicilioz figura post hec marti nec
id inepte'i aduersa videlz figura ad lumniũ domicilia: deinde vener; in ex
agono reliquo reliqua z qñ ceteris bona cõtigerãt luminib'vero fingul a
vt ptes mundi totũ circulũ p mediũ pciunt:habet eñ sol a principio leoni
vscq ad finẽ capzicozni:luna a principio aquarij vscq ad cancri finẽ in fin
gulis medietatis sue signis dñis suis cõmunicans.

Capl'm quartũ iuxta hermetẽ post abidemon.

Einde hermetis snie locus q in libzo suo ipm abidemõ indũ
antiquissimũ foze astrologie scriptozẽ induces'cũ inqt signo
rũ. 12. inter stellas .7.particionẽ idoneã exigat rem adhibi
to studio. 5. stellaz binas cuiusqz figuras diuersas iuenim'
vt gd̃e nũc ozietales nũc occidẽtales fiunt nunc retrograde
nũc directe:luminũ v̊o fingulas. Nec eñ vncq sol ozietaĺfit
nec occidẽtalis.vnde quinqz stellarũ bina cuiusqz domicilia foze binis ad
apta intellexim'luminũ v̊o vt figure simplicis erãt fingula. Idqz ideo qi
in seipfis quedã ceteris stellis foztioza eẽnt vt oẽ qa simplici forma effectu
est eadẽ natura subfistẽs diuerse nec cõpage firmũ est pter qa apud reteref

luna folis ſtella nūcupata ē ex eo ſcz qp cū ceteraꝛ nulla alieno lumie egeat
hic quātū lucet a ſole mutuaꝉ oī fere virtute ei°ex eodē lōte deriuata · Nec
eni exinde qcꝗ effingiꝉ ſi non foꝛma nec foꝛma cōparet ſine materia: eſtqꝫ
materia foꝛme neceſſitas. Foꝛma ꝟo materie oꝛnaꝉ°. Sic ꝗ cū luna qdem
tāꝗ materia folis ſit. Sol ꝟo tāꝗ foꝛma lune cā erat vt iure luna ſolis ſtel
la rocareꝉ cū virtut℈ ſua vim ſolis ꝯſequēs:hac itaqꝫ de cā tā domiciliū lu
ne cōtiguū eſſe ꝗ pꝛincipatus eius ſtatim poſt ſolare ꝛ dies ei°dicit illi°cō
tinuo ſequi debuit:his ita pmiſſis pticionē domicilioꝛ inter ſtellas ad na
ture aptitudinē diſtribuim°. Quicqd eni eſt cognata natura iuuaꝉ : Zꝛia ſe
diꝉ vt ignē aqua nō creat ſed deſtruit.aliter aūt rebus nature ſue cōgruis.
Uniuerſis itaqꝫ toti°mundi calor qꝯ ſolis eſt. Hic aūt calor in. 15. leonis
gradu p vnluerſuꝫ oꝛbē virtute plena atqꝫ integra vi ſentiaꝉ a leone ꝛ ſole i
cipiētes put i natura ſua ſingulariꝉ ꝛ integra cōueniebāt:leonē ſoli dedim°.
huic ꝟo qp lune domiciliū cōtiguū erat ſūpto inicio a. 15. leonis gradu atqꝫ
in vtrāꝗ partē ſingulis ptib°.i.trigenis gradib° ad ſinguloꝛ ſcz ſignoꝛ
quātitatē deductis hinc ad. 15.cancri illinc ad. 15.virginis gradū puentū
eſt.Alterutrū itaqꝫ lune obtinuit:his itaqꝫ diſtribut℈ ſtellā cui°circul° luna
ri,prim°erat amplectēs. A lune domicilijs gemie hic inde ptes vt ante de
ducto qꝯ virginē ꝛ geminos deſignabāt ea mercurij domicilia dedicaui
mus. Poſtꝗ cū veneris circulus pximus eſſet a domicilijs mercurij gemi
ne ptes. Ite vt ante pducta librā ꝛ taurū veneri aſſignauerūt. Inde p cir
culoꝛ oꝛdinē pducte ptes arietē ꝛ ſcoꝛpionē marti reliqua reliquis vt ſeſe
ſequiꝉ.Cuius particionis firmamētū qp domicilia ſaturni qui maximū mū
di infoꝛtuniū ad rerū coꝛruptionē ducit oppoſita ſunt domicilijs luminū q
ſūma mūdi foꝛtuna ad rerū generationes ducūt.Mart℈ aūt vt aliquantu
lū leuioꝛis tetragona ꝗ figura oppoſitionis infoꝛtunio aliquantulū leuioꝛ
eſſet. Iouis aūt vt foꝛtunati trigona ꝗ ſūme amicitie figura erat. Ueneris
exagona minoꝛis amicitie vt ꝛ illa a foꝛtuna iouis deſcēdat .Qꝯ ꝟo mer
curij coꝛda fere. 19.graduū eſt ipſe minoꝛ foꝛtuna venere ei°domicilia lu
minis domicilijs cōtigua ſūt ad quātitatē part℈ fere. 12.¶Nōnulli ꝟo cō
trarietate quadā ſtellaꝛ domicilia diſtribuūt.vt qꝯ lumia lucida ſūt.Sa
turn°obſcurus eoꝛ domicilia oppoſita eſſe cōueniat ſic iouialia mercuria
libus quoꝛ alter ad coꝛpoꝛis opes alter ad animi diuicias ducūt qụe qdē
oppoſita eſſe nō ignoꝛamus ſic martia veneris: quoꝛuꝫ ille ad bella iraꝫ ꝛ
hoꝛꝛoꝛem:hec ad noluptates iocos ꝛ manſuetudinē ſpectat ſic quoqꝫ ꝗꝗ
diuerſi diuerſas reddūt cauſan ad idē tamē omnes deinum concurrunt.
Illud accumulantes domicilioꝛ oppoſita ſtellarum exicia atꝗ qp ſolis q
dem in omnib°ſignis maſculis:lune ꝟo in oib° femineis viri viget p ꝗ foꝛ
ma ſimplici domicilia ſingula ceter℈ ꝟo bina p figuꝛ binis .Alteꝛ i hoc qp
oꝛiētales ꝛ directe ſūt alteꝛ in eo qp occidētales ꝛ retrograde acōmodum

Saturnus capꝛicoꝛno retrogradãdi atꝙ occidẽtales part? figere adepͭ
intempatũ frigus eius nature eius ſigni augente. Jn aquario directi mo,
tus atꝙ oꝛientalis ptis figure acõmodi naturã eius ſigni natura tempan
te ſic iupiter melioꝛi figure in ſagitario deterioꝛ in piſcibus:ita mars i ſcoꝛ
pione.aptioꝛ ꝙ ariete.Venus aũt directi motus ꝛ occidẽtalis partis figu,
re in taũro adapta ſicꝙ mercurius in virgine alterius in ceteris.Vnde ſtel
larũ domicilioꝛ due pꝛocedũt partes a luminib'eoꝛꝙ domicilijs ſumpte
que illa cum his vt ſtelle ſunt cũ luminib'archano quodã nexu ligant. Jd
aũt eſt vt a gradu ſolis vſꝙ ad. 15.leonis graduũ equaliũ in numero coll e
cto:quãtũ luna de ſigno ſuo tranſiuit adijciaf totuꝙ a ſigno lune ꝑ grad'
equales deducaf.Eadẽ hora a lune gradu vſꝙ ad. 15.cancri gradũ nu,
mero collecto quãtũ ſol de ſigno ſuo tranſiuit adiciaf totuꝛꝙ a ſigno ſolis
ꝑ grad' equales deducaf harũ vtiꝙ partiũ vtralibet i alterutrũ cuiuſcũꝙ
ſtelle domiciliũ incidunt:altera i alterũ incidere neceſſe eſt ꝙ i alterutrum
eoꝛ que lumina occuparunt ꝛ altera i alterũ incidet.

Capl̛m quintũ de ſtellarũ pꝛincipatu iuxta ceteros aſtrologos.

Einceps eam ſtellarũ dignitatẽ quam nos pꝛincipatnm
vocamꝰ ſiue regnũ alij ſiue ptãtem ſ̦u quo alio noĩe ap
pellent pꝛoſequi oꝛdo poſtulat.Nulli quippe quẽadmo,
dum de domicilijs diximus ambiguuꝛ ſcꝛ ꝙ pꝛincipatus
ſolis ſit in. 19.arietis gradu:lune in tercio tauri-ionis in.
15.cancri.mercurij in. 15.virginis : ſaturni in. 21.libꝛe
martis in.28.capꝛicoꝛni.veneris in.27.piſciũ.capitis ĩ.3.
geminoꝛ.caude in.3.ſagittarij.Caſus aũt cuiuſcũ in oppoſito gradu op,
poſti ſigni.Cauſe vero apud diuerſos diſſone ꝙ uel hec ſigna vel hos de
ſignis gradus ceteris pꝛetulerit.Nã ptholomeus de ſignis conatus ꝛ gra
dus pꝛeterit nec de ſignis idoneã reddit cauſam.Hermes aũt vterꝙ poſt
abiდernõ ad purum examinat.Nos igif vtriuſꝙ doctrinã in mediũ addu
cemꝰ falſa quoꝛundã opinionũ inter inicia confutata.Sunt eni pluriꝙ
hominũ adeo impudentis amentie:vt antecꝗ rex diſciplinam habeãt eaꝛ
doctrinã tradere incipiant qui'dum vaniloqui audientiã tenent:neceſſa
rio erroꝛe cõacti in quaſlibet opiniones iuſticiã ꝙſolantes ꝛ ipſi deducunt
ꝛ ſtultiũ auditoꝛẽ ſecũ inducũt.Ex hoc hominũ genere quidã aſtrologiam
pꝛofitentes ſubtiliſſimis rex cauſis fruſtra fatigati omiſſo tãto laboꝛe ad
pꝛimoꝛdialẽ cauſam ſimplex imperitie ſolatiũ tandẽ confugerunt. Aiunt
itaꝙ ſtellis pꝛincipatuũ eos eſſe gradus in quibus in pꝛima celi ac ſideruꝛ
creatiõe ſtellas. ꝛ conditoꝛ omniũ deus pꝛimũ locauerit:Lũ enim ea coꝛ
poꝛa aliqua pꝛimũ occupare loca neceſſe foꝛet'. Elegit auctoꝛ que natura

cognatione proxima erant. Unde motu suo progressas multis postea secul' non plus vel minus q̃ medium earum luminum inest quousq̃ luminibus alligate pro ligaminum quantitate domicilia sortirent. Quam opinionem quia partius alibi depssimus hic expeditius trãsire poterimus. ¶ Ait ergo si factor oĩm deus cui seculorum oĩm infinitas momentũ est. primo septem stellas in principatibus suis locatas: oẽs eodem modo atq̃ motu sese hr̃e voluit. deinde transactis aliquot secul' tanq̃ penitens iam voluntatis p̃me eas relicto munere primo pariter alterari maluit qui ɔsequitur. an eius q̃ deinde factur' esset impotens erat: aut quid nature aptius primũ nesciebat Cur aũt si luminibus cetere vt asseris alligate in retrogradu iter agent non similiter vt lumina ipsis alligata retrogradãtur. Si enĩm ideo luminibus alligate sunt quia motu variantur. quid ergo est quare lumina non eodem semper motu ferunt. Quid ergo primũ in principatib' suis locatas asserit: contra omnes indos persas caldeos ⁊ grecos astrologos est: qui oẽs aliũ oĩm stellarum motus a capite ♈ inchoantes cum omni cuiusq̃ diuersitate a primordio hucusq̃ circumducent.

¶ De stellarum principatu iuxta Ptholomeum. Capitulum sextum.

Deinde ptholomeũ sentẽcia leuiter trãsacta ad seq̃ntia transibimus. qm̃ inuenimus inquit ☉ ab ♈ descendere atq̃ diem augere. contra vero in ♎ principatũ eius in altero casũ intel leximus. ♄ vero natura cum ● natura ɔtraria existat. cõtra ☉ in ♎ principatum eius in opposito casum esse percepimus ☽ vero principatus in ♉ qm̃ causa ☉ in ♈ existente recedit primum in ♉ lucem incipit casus in opposito. ♃ aũt in ♋ cuius sunt venti temperati quos in ♋ plurimũ agit. ♂ in ♑ signo australi qđq̃ in opposito ♃ esset. ♀ in ♓ a quo humor vernalis. ⁊ ☿ in ♍ a quo siccitat' iniciũ. Utq̃ ipse in natura sua temperate siccus erat. in oppositis vero singulo⁊ casus.

¶ Iuxta Hermetem post abidemon. Capitulum septimum.

Nunc hermetez vt consueuimus inducemus nullum verbum sermõis eius mutantes. Res inquit omnes quibus aliquod inicium est in p̃mordio qdez accedunt ⁊ crescũt medio statu vigent in fine decrescunt ⁊ recedunt qđ in omni tam aĩantiũ specie constans est. Sic omnis stella in p̃ncipio signi accedit et confortat in medio viget in fine diminuta recedit. sic cum primum orientalis fuerit: primumq̃ directe sic medio atq̃ fine. Sũt ergo generaliter stellarum vires in mediis signis. Est aũt alibi descriptum q̃ ♈ ♋ ♎ ♑ prout circuli quadrantem anniq̃ tempo⁊ũ principia sunt precipue primatum inter signa sortiunt. vnde superiaꝝ stellarum principatus ab eis incepimus: quoniã ♈ ⁊ ♋ in parte accessus ⁊ augmẽti atq̃ altitudinis ☉ extiterunt. ♎ vero ⁊ ♑ in parte recessus ⁊ decremẽti atq̃ recessus ☉ in ♈

τ ♋ fortunatarum principatus intelleximus:in ♎ τ ♑ infortuniorum:nec
enim duarum in vno signo principatus: vt nec vnum signum duarũ domi
cilium. ❡Quoniã vero ☉ ab ♈ incipiens atq̃ ascendens incrementũ diei
p̃fert in ipso principatũ ☉ dedicauimus vim validissimã in medio notantes
id est gradu. 15·Sed qm̃ omnis ☽ virtus solari continua est: ☽ principatũ
in ♉ q̃ ♈ sequebatur ordinauimus. Cum autẽ luci tenebras contrarias
☉ q̃ lucem ♄ tenebras videremus.a solaris principatu opposito vt priore
duorum ♄ inchoauimus vi maxima in medio notata. Relinquitur ♑ ♂
scõo infortunio:♋ ♃ qui priuſ lumina proxima fortuna erat plena virtute
in medijs. ❡Deinde sunt inferiorum principatus. quoniam enim ♀ ·47.
gradibus a ☉ recedit. Eratq̃ ♓ signum humori impensus vt ♀ humidior
ipsum genus p̃elegit potius in trigono q̃ ♄ vi maxima in. 15·eius gradu:
vt ☿ in ♍. 15· virtus solidissima tanq̃ de ♉ trigono. Cum enim a ☉.27.
gradibus recedat. ♉ autem ☽ preoccuparit. ☿ ♍ autumnalis nature sibi
cognate obtinuit.Quemadmodum enim ipse nimium a ☉ recedit.sic ♍ ♈
magiſq̃ ♉ cognatur.causa ex hoc q̃ dies eorum q̃ ortus per circulũ rectũ
equales deinde q̃ vbi ♄ contra ☉ pro ducatu contrarie positus est.Sic ☿
contra ♀ locari debuit:quoꝛ hoc ad seria intendit illa ad ludibria. ❡Ad
hunc modum inuentis principatuum signis:deinceps gradus ipsos deter
minare conuenit. Conuertimur igitur quo consueuimus vnde omniũ celi
partitionũ series aptissime orditur. Id autem a ☉ est a medio die a medio
celi a linea equabili ab ♈ principio. ☉ enim mundi lux τ calor dies est in
cuius medio ☉ vis integra huius ab ♈ capite ☉ ascendens incrementum
p̃fert. Signoꝛũ autem ortus cum toti mundo varietur in medio celi per
totum mundum idem est qui equabilis lumine.Sic ergo cum τ stellarum
principatuum gradus vniuerso mundo idem sunt apte in his ordinandis
a recto circulo atq̃ celi medio inchoamꝰ.Scimus enim q̃ in recto circulo
exquo primum ♈ punctum meridianaꝫ lineam attigerit:primũ ♋ punctũ
ab oꝛizonte emergit.Vnde memoꝛ antiquitas nascentis mundi oriens ♋
extitisse tradit. de quo nullus aptior geniture primoꝛdio q̃ is ipse gradus
in quo plena τ integra ♃ virtute viget. Quoniam ergo qñcunq̃ in circulo
recto is gradus id est. 15·♋ primo ab oꝛizonte emergit. 18· ♈ per mediaꝫ
transit in. 19· ♈ gradum ☉ principatuum firmauimus cuius in medio celi
medio die vis integra.Scimus autem in cęlo nihil sine iudicio et consilio
decretum. Hoc itaq̃ iudicium τ consilium cum ♃ in medio mundi oriente
locarit in ♈ per diametrum opponit quoꝛum nature ininuiceꝫ vsq̃ hodie
repugnant. Est enim stellaris principatus officium melioꝛis ducatus eius
signum certissimum.Cum ergo distãtie inter eos necessarie gradus certos

determinare vellemus distantie stellarum a ☉ gradus sumpsimus que distantia a stellis diuersarum affectionum causa est. Hanc autez. 12. graduū inuenimus infra quos omnis stella debilior eosq; gradus distantiam vocamus. Hos itaq; gradus cum ♂ loco adiceremus perductus est numer⁹ ad. 27. ♑. ♂ igitur in eo gradu principatum designauimus. Nam adiungere maluimus q̃ detrahere. Detractus enim is numerus in. 4. eius signi gradu locaret in loco videlicet remoto ⁊ debili: essetq; ita ad oppositionē ♃ applicans applicationem corrumpens. Quapropter ⁊ a ♃ separatum ⁊ in cardine sibi apto locari potius erat. Cum autem ♀ principatus domicilium mercurialium oppositum esset ⁊ inter ipsos ne aduersa figura contaminarentur distantie gradus adiecimus perductus est numer⁹ ad. 28. ♓ Quoniam vero cum infortunium in paucioribus q̃ fortunata est gradib⁹ accedens ledit ♀ circa ♂: ♃ propinquiorem locantes vt ipsum potius bearent q̃ ab ipso lederent principatum eius in. 27. ♓ gradu constituimus in loco fortune eius apto. Si enim distantie gradus detracti essent in locum ♂ nature sue contrarium incideret. ☿ autem incidit signum ⁊ domicilium pricipatus eius existeret iure. 15. eius gradum q̃ fortissimus erat obtinuit apte quidem amica figura ♃ ligatus proutq; fortunatus erat. Siquidem enim additum esset ad oppositionem ♀ appropinquaret. Si detractum in perfecto medij virtute nec ♃ necteretur. At vero cum ♄ principatus signū iouiali tetragonum existeret. Tetragonus autem dimidia oppositio dimidium distantie id est. 6. gradus adiecimus: vnde principatum eius in. 21. gradu ♎ terminauimus apto loco in cardine terre: qui numerus si detractus esset ipsum a cardine deiecisset: essetq; ♃ damnās non ♃ ipsum beans ☽ vero principatus cum in ♋ incidisset gradumq; ipsum determinare vellemus in primis nouilunij visione diuersa: quoniam id interdum infra. 12 gradus apparet nonnunq̃ in. 13. sub equabili linea per ortum recti circuli ea visio deprehenditur attamen principatū eius: a solari elongantes in ♉ 3. gradu sudauimus que visio eiusdem quantitatis reperitur cum dimidia latitudine sua australi. Si enim cum latitudine australi nouilunij visionē mutaremur: principatus eius in fine ♈ consisteret. Prohibitum aūt erat ne due stelle in vno signo principarentur: eratq; primum ♉ lune ducatus. Est autem a capite draconis ascensus lune vt in geminis altitudo ☉ Quapropter in geminos prout nature cognatio exigebat: capitis principatus incidit cuius ipsum gradum captantes id perspeximus ꝙ omnis stella in media latitudine sua: quantum ad illud iter attinet in optimo statu est.

Unde qm̃ ☽ in media latitudine sua a capite per vnius signi quantitatem distat capitis principatū in tercio ♊ gradu stabiliuim⁹. caude in opposito vbi per oīa capiti opposita est. Hec est itaq; stellarū principatuū ordinatio cuius firmamentum ꝗ superioꝝ stellarum principatus cardines obtinent inferiores quoq; loca sibi apta q̄ōq; fortunate aut infortunia sunt ꝓut reꝝ generatio est. primū a fortunat' mota: deinde corruptio infortunij effect⁹ cōsequitur. Sunt alij qui vt nos distantia stellarum a ☉ vtimur nouilunij visionē adhibent. Sic̄. 12. gradus numerantes ꝗ illic ☽ rerū generatiōes innouet. ♀ aūt ideo minus vno q̄ꝫ ♂ gradu locant: quia ⁊ anteq̄ꝫ ♂ appet ⁊ corpus eius corpore ♂ vno q̄ꝫ ♂.

¶ De stellarum terminorum modis ⁊ diuersitate. Capitulum octauum.

His habitis terminoꝝ diuersitas distinguenda est quā q̄nq; partitam inuenim⁹. Alij nanq; sunt egiptiorum termini. alij caldeoꝝ. alij ptholomei. alij aristotue. alij indoꝝ. quorum si certa ratio haberet̄ nec ipsi quid incerti essent ꝑter ꝗ lōgeui experimenta studij distribuerunt. Inter ea vero que experimentum qđ sepissime rectum inuenitur id iure obtinet. Qua de causa inter oēs diuersarum fere nationū astrologos frequentioris vsus egiptorum termini reperiuntur qui hi soli maiores stellarū annos integre numerent: signorūq; fine infortunia excipiant ꝑncipio maxime fortunatas primū itaq; dr̄a ꝑnotata singulos deinde ordinabimus. Aristotua quidē signoꝝ terminos inter septē stellas partitur rōnem adhibens nullam inter signa stellis dignitatē esse debere cū lumina prorsus imunia fore ꝯueniat. Ceteri vero oēs eos terminos inter quinq; tm̄ stellas distribuūt: eo ꝗ stell' omnibus per domicilia sua cōmunicent lumina excipientes. Alij siquidē asserunt vtrunq; lumen in sua circuli medietate in singulis signis dñis suis cōmunicare. Alij ☉ in omnib⁹ signis mascul'. ☽ in omnib⁹ signis femineis cum dñis suis partem hr̄e: vtrūq; ratū. Quapropter his contenta luminib⁹ terminis supsederunt: que ratio egiptijs sufficiens visa est. Nam alij quidā alias ⁊ alias accumulantes aiunt: vel ideo luminis ꝓprijs carere terminis. Qđ cum inter quinq; stellas oīs nature diuersitas expensa fuerit. De ipsis enim est calida sicca: frigida sicca vt ♂ ⁊ ♄. de eisdem calida et humida vt ♃. frigida ♀. ꝓmiscuus ☿. Qm̃ itaq; ☉ marcie nature. ☽ venerie termīs eoꝝ vt suis contenta remanserūt equa virtute per eos terminos ipsoꝝ eorū dñis. Quanq̄ꝫ ergo diuerse sint rationes in re tm̄ omnium preter aristotuā consensus: lumina terminis ꝓhibuit. Tam ⁊ si alia quedā in ea re general'r conuenientium special'r fit discordia ꝗ nulli eoꝝ alijs nec in stellarū ordine nec terminorū quantitate concordāt ꝑter ꝗ plures eorum signorum fines infortunijs tribuunt a fortunat' maxime inchoantes ꝗ harū quidē iniciū illarum vero finē rerū intelligant. Inter que signoꝝ nihilomin⁹ principia

τ fines discurrunt:quos qm̄ vt dictū est egiptij per terminos suos maioris
stellaru̅ aliquax numeri obseruatione p̄cedu̅t iure inter ceteros obtinuer̄t
Quāq̄ ptholomeus inter egiptiox τ caldeox terminos conferens qui sibi
rectissimi visi fuerint se inuenisse refert in vetustissimo volumine quodam
magno tp̄is impendio partim distracto et interrupto:partim de asso V ex
eo plurimū annosa caligine obcecato:cuius auctoris nomen cū diu lateq̄
scitatus rescire nequiret:ne vage auctoritatis incomodum incurrent illos
obmittens imitatiōe suos edidit:nec tn̄ vel hi vel alij neq̄ vel ante vel post
ptholomeū egiptiox terminis aut freq̄ntioris vsus: aut grauioris auctori/
tate inueniun̄t.Quos p̄pter hoc primū ordinabim²:deinde ceteros non q̄
necessarios habeamus:sed ne illox nescij hos preferre videamur: si p̄ius
caldeox terminos excusauerimus indorum principijs tantum designatis.
      ❡De terminis egiptiorum.   Capitulum nonum.

Uemadmodū ptholome² τ p̄ter eum q̄ plures veteris aucto
ritatis viri antiquas seculi hystorias memoriter retractantes
narrant ab vniuersali diluuio q̄ vniuersam terrā operiens oī
fere prioris seculi memoria deleta paucas admodū animas
sup̄stites reliquit ex omnib² mūdi nationib² in caldea primū
siderei motus atq̄ virtutis ⸳ceptio studio sapia nata. deinde
successu tp̄is adolescens paulatim in orbem deriuata est. Narrant quip̄pe
trāsacto diluuio quā primū vndis ad priores a⸳ueos reuersis arida patuit
Noe cum filijs sup̄stite cum ex armenia temperatiores auras sequeref vsq̄
qua postea babilonia surrexit puenisse: deinde renascēte mundo nepotes
ciu s ad hoc medio vndiq̄ versum:penes tigrī vsq̄ kastaru̅ ab eufrate vsq̄
kuꝛan tp̄is successu diffusos. Inter quos primū vt aiunt vnus ex filijs suis
Sem a vita memoria instructus:seu diuino proprij ingenij dono illustrat²
sidereos cursus sequens effect² mirari cepit.A quo sequentis etatis studiū
intantū vsq̄ accreuit quoad ex omni celo tam signifero circulo partium q̄
stellaru̅ infra discurrentium:primp̄ sua cuiusq̄ virtute formata:deinde cō/
munione quadam pmiscentes vt ceteras stellaru̅ dignitates ita terminos
a generatiōis inicio sūpta per annox reuolutiones stellax effectus ⸳tinuo
mecientes dep̄henderunt:a qūibus crescēte humano genere cetere postea
mundi nationes eā sapiam mutuate adhibito studio pro ingenij facultate
nōni)il emendarunt τ plurimū adauxerunt.Inter quas egiptijs nec aure
subtilitas non parum accomodauit. Erant ergo caldeox termini ea rōne
ordinati vt per singulos trigonos singulis modis deducerēt.Quos cum
ptholomeus in tetrastin suo quē arabes a tarba vocant eis modis ordina
uerit subiungit:non tn̄ ex autentico precessorum aliquo sumptos.Quam/
obrem τ nos supersedendum eis duximus .
      ❡De terminis indorum.   Capitulum decimum.

INdi vero primi seculi partes siue ita primū habuerint: siue caldeoꝝ inuentione postea recuperant put rectius eis visū est: stellaꝝ terminos aliter ordinantes oīa masclīna signa vno modo: oīa femīa vno alio partiunt: a masculis a ♂: in femineis a ♀ inchoantes: masclīa in ♀: feminea in ♂ finientes. Sūt itaqꝫ de ♈ ♂ gdꝰ. 5. ♄. 4. ♃. 8. ☿. 5. ♀. 7. de ♉ duo ♀ gradus. 5. ☿. 5. ♃. 8. ♄. 5. ♂. 5. Ut igitur ♈ diuisus est sic oīa masclā. vt ♉ sic oīa feminea eodemqꝫ ordine diuidunt.

De terminis caldeorum. Capitulum vndecimum.

DEinde trigonorū dn̄os ordinauimus. Cum enim. 12. signa quatuor naturas repn̄tent per tria interualla deductas terna eiusdē nature necesse erat. Uel sic signifer tres limites terminabat circuli videlicet ♈ ♋ ⁊ ♑ sic inter eos ⁊ infra trigonū diuidunt. Cuius ⁊ alie rōnes in scdo libro exposite sunt. Ex hac itaqꝫ nature cognatione stellarū dignitati aliquid accrescere ꝯsequens erat. Dicimus ergo trigonis mascul̄ diurnis stelle mascule femineis ⁊ nocturnis feminee ⁊ nocturne q̄ maioris in ea cognatione testimonij atqꝫ aptioris: haizen hauhaliet in p̄mis locis: ergo ignei trigoni dominoꝝ die primꝰ ☉: scd̄s ♃: nocte cōuerso particeps nocte dieqꝫ ♄. Terrei trigoni die primus ♀: secundus ☽: nocte conuerso vtrūqꝫ particeps ♂: ☿ quoqꝫ tantū in ♍. Aerei trigoni die primus ♄: deinde ☿: nocte econuerso particeps vtrunqꝫ ♃. Aquatici trigoni dominorum die primꝰ ♀: secūdus ♂: nocte ♂: ♀ precedit: ☽ vtrūqꝫ participe.

De decanis eorumqꝫ dn̄is iuxta persas babilones ⁊ egiptios. Capit. xij.

SEquunt decani quos arabes in lingua sua facies vocant: q̊s eorūqꝫ dn̄os primū prout perse caldei ⁊ egiptij vtunt ordinabimus: deinde quid indica sentēcia diuersitatis afferat exponemus. Sunt enī oīa signa trinis affectionibꝰ diuisa: singule partes denorū graduū. Ut ergo stelle ipsa signa equis quantitatibus discreta per circulorum ordinē partiuntur: ita ⁊ equas signorum partes eodem ordine prosequi debuerūt: igitur ab ♈ incipientibus primū decanum signi dn̄s. ♂ occupat sequentem sequentis circuli stella ☉: terciū tercij ♀: scdi signi primum ☿: quarti scꝫ circuli proximum sequentis. Scdm ☽: tercium ♄: atqꝫ ad hunc modum per ordinem.

De decanis eorumqꝫ dn̄is iuxta indos. Capitulum tredecimum.

IAm indis aliter visum est qui licet eandem partitionē faciant non tn̄ eundem ordinem in distributione sequunt: tripartito siquidem omni signo secundā. 5. dn̄o: terciam. 9. per ordinem signorum trigoni. Ut ♈ primam ♂: secundam ☉: terciam ♃ atqꝫ in hunc modum. Idqꝫ ita recte facere putant vt trinorū

per trigonos fignozum dñi trinis fignozum part:tionibus per ozdinem im
perent:pzioz t amen diftributio plurium vfuum celebzata obtinuit.

⟪De no uenarijs fignozum. Capitulum decimumquartum.

Is ad hunc modũ ozdinatis:deinde fcbarie quedã ftellarũ
per circulum opes exponende: vel quib⁹ pzime funt nouene
q̃ in recipientes noubhairat vocarũt. Qui poft trimembzẽ
fignoz diuifionẽ quam in trigoni dños diftribuunt fingula
ftatim figna nouies fecantes fingulas partes trinis gradib⁹
et triente:ex punctis. 20. metiunt. Quas fectiones ideo recte
facere videntur:qñ ab omni figno in nono eadem natura reperitur: diftri
bue ntes eas inter ftellas fignozum ozdine. Ut de ♈ pzima ♂:fecunda ♀
tercia ☿ ficq̃ per ozdinẽ quo ad nonã noni dñs ♃ obtineat. ♉ vero pzimã
♄:fecundaz ♃:terciam ♂:quartã ☉ atq̃ deinceps in hunc modum:cuius
dñij pzompta h⁹modi inuentio eft. Ex omni fiquidez trigono tropici figni
per fingula eius trigoni pzimas nouenas fortitur: fcbas fequentis dñs fic
deinceps per ozdinem. Ut ignei trigoni ♂:terrei ♄:aerei ♀:aquatici ☽.
Nõnulli vero nouenas has per ozdines circuloz diftribuunt fingula figna
ab eoz dñis inchoantes. Ut de ♈ pzimam ♂:fecundam ☉.de ♉ pzimaz
♀:fcbam ☿:terciam ☽:quartam ♄ atq̃ in hunc moduz pzioz tñ obtinuit.

⟪De duodenarijs fignozum. Capitulum quindecimum.

Oft hoc et duodenarie fignozũ tractande:dñiq̃ fingulozum
graduũ inueniendi. Ut enim circulus ipfe per. 12. fpacia diuifus erat:fic ipfa fpacia fingula totidem equis partibus fub
diuidi conueniebat Intellecto fingula figna oĩm hfe cogna
tionem. Metiunt itaq̃ fingulas partes grad⁹ bini z dimidi⁹
id eft pũcta. 150. fingulaz pzimas ipoz nec feq̃ntes fequẽti nõ
per ozdinem: cuius artificij h⁹modi pzompta eft inuentio. Collectio enim
quantũ intereft a pncipio fignoz vfq̃ ad ipfum gradũ: cuius duodenariuz
q̃rimus duodecies fumet. Tota ergo fũma ab ipf⁹ figni pncipio per fing̃a
figna trigenis gradib⁹ deducta vbi fteterit i eo figno ill⁹grad⁹ duodenaria
reperitur. ⟪Hermes aũt eiusq̃ fequaces pzimi fingulozũ graduũ naturas
ita diftribuebant vt pzimus cuiusq̃ grad⁹ ipfius figni naturã traheret:fcbs
fecundi:tercius tercij ficq̃ per ozdinẽ. Ut duodecimo in. 12. terminato. 13
item ab ipfo incipiat ficq̃ deinceps. Quo artificio Hermes in libzis fuis de
diuerfis tam nati q̃ queftionum negocijs:plurima tradit negocia fingulis
gradibus cognatozum fignozum dominos pzeftitues. Nec vero putandũ
q̃ que fignozum eedem fint ftellarum duodenarie. Nam ftella quelibet in
quocunq̃ figno fuerit eius gradibus duodecies accept tota fũma a figni
pzincipio deducta ftellarum duodenariã defignat.

¶De gradibus masculinis τ feminis.   Capitulum sedecimum.

Ue cum ita sint τ inter ipsos grad⁹ masculos τ feminas esse
consequens est pponemus itacz diuersoz sentēcias: deinde
eos qui frequentiozis vsus sunt ozdinabimus: firmius tñ vt
oīa ꝯuenerint. Nam discretionis hᵒmodi ea nimirū vtilitas
est cp cum vel in natali masculozū vel questione de masculis
ppofita. Si stelle mascule in signis τ gradibus masculis con
uenerint ducatū firmant siccz in parte altera. Ueterū igitur alij quidaz de
signis mascul′ pzimos. 12 ,τ dimidium masculos ponunt: desīde totidē in
reliquos feminas. De signis vero femineis contra pzimos . 12 .τ dimidiuz
feminas totidez seqntes masculos. Alij vero per duodenarios sexū discer
nunt pzimos de signis mascul′ masculos iudicantes: pzimos de feninis fe
minas, alternatim deinde per ozdinē vscz in finem. Nunc eos qui restant
ozdinabimus si pzius τ aliam graduum discretionem expofuerimus vt et
illos post illos post hos continuati ozdinemus.

¶De gradibus lucidis τ obscuris.   Capitulum decimumseptimum.

Am eadem causa inter eosdem circuli gradus: alij quocz lucidi
iudicantur: alij obscuri: alij vero medij quadaz conditione vm
brofij : alij vacui . quozum ea quidem vtilitas cp lucidi quippe
dignitati rcrum accedunt obscuri contra medij inter vtrúcz.

¶De puteis stellarum.   Capitulum decimumoctauum.

Ostremo sunt varij per diuersa signa grad⁹ inter adminicl′a
stellarū et obstacula versantes quozum qui obstant arabica
lingua putei stellarū vocant quos nos pcipicia dic re solem⁹
Qui vero fauent addentes fortune ex re nomen traxerunt.
Pzecipicia quidem eiusinodi officij sunt vt quālibet stellam
tulerint vim eius iminuant. Itacz fortunatis quidez semper
piculofa sunt. infoztunijs nuncz salubzia dum scz noxiam eoz vim iminuāt
Quozū veritas cū apd pleroscz incerta sit nos omissis diuersoz opiniōib⁹
que per se τ egiptij tradunt ozdinabimus dum scz fortune addentium rōne
expofita vtroscz continuo disponam⁹ . Braduū nancz fortune addentium
eam vetustas rōnem experta est vt cum stelle pzo locozum cōmoditate ad
fortunā duxerunt. si vel ☽ vel pars fortune hos gradus possiderit aut eoz
vllus ozientis gradus extiterit nati fortune addunt. E quib⁹ sunt quidam
vt si stelle duces etiam ad nati casum inclinarint. Di grad⁹ hoc modo ad
hibiti postmodū in sublimionem recuperant. Sunt ergo de ♉ tres. 15.28
30. de ♌ duo. 3. 5. de ♏. 4. 7. de ♒. 4. 11. pzeter quos τ alij per singula fiģ
discreti in quibus nihilominus antiqua experientia conuenit: cp quotiens
vel ipſ ozientium gradus existant aut die ☉ : nocte ☽ gerunt in loco circuli
accomodo. Nato sublimis dignitatū gradus vt regna vel regnis pzimos

principatus promittūt hec sunt stellaꝛ ꝑ omnē circulū dignitates incōmo
da adminicula obstacula pꝛeter ꝙ singulis eꝛ ꝑmiꝛtione quoꝗ non nihil
inter vtrūꝗ genus accedit que suis in locis vt particulatim incidit eꝛeque/
mur · Nec tñ ignoꝛare nos quisꝗ eꝛistimet ꝑter hec indos aliis atꝗ aliꝭ
circuli partitionib⁹stellarūꝗ dignitatib⁹vti suo quidē artificio aptis quas
quoniā nostro indicandi modo nec apte sunt nec necessarie si longius seꝗ
remur dispendiꝭ initiū castigatū opus intimaret·

Incipit liber seꝛtus.

Rimū de nā stellarū.Ⓒ Scōm queque foꝛme i singulis deca
nisoꝛiū vt eodē de oꝛtu signoꝛ ꝑ circulū rectū·Ⓒ Terciū de
respectu graduū circuli·ⒸQuartū de signis amicis.ⒸQuin
iū de signis natura cōgruis atꝗ distātia virtute ꝛ via.Ⓒ Se
ꝛtū de signis appositione ꝛ eꝛagono cōuenientib⁹tetragono
Ⓒ Septimum de signoꝛum annis mensibus diebus et ho/
ris.ⒸDe sigtoꝛ ductu suꝑ diuersas terras.ⒸDe signis ad motum ꝛ quie
tem ducentibus.ⒸDe signis rōnabilib⁹ⒸDe signoꝛ dñis in particione tē
poꝛisⒸDe signis ad foꝛme dignitatē ad largitatē ducentib⁹ ad cōiunctio
nis cōplemētū ad accipiendū ꝛ tenendū . ⒸDe signis ad moꝛbos eoꝛuꝗꝗ
occasiones ducentib⁹.ⒸDe signis ad honestatē mulieꝛ ducētibus.ⒸDe
signis ad honestatē ducentibus.ⒸDe signis multe pꝛolis pauce ꝛ sterili/
bus.ⒸDe signis moꝛboꝛ sectoꝛ acutis ꝛ iracundis.ⒸDe signis ad rotuꝛ
qualitates ducentib⁹.ⒸDe signis ad dolū fraudē perfidiā ducentib⁹ solli
citis etiā ꝛ obscuris.ⒸDe signis inꝺ volatilia quadꝛupedia reptilia ꝛ aqua
tica discernentib⁹.ⒸDe signoꝛ plagis.ⒸDe cardinib⁹ circulis de quadꝛā
tibus de domicilijs. 12.omniūꝗ eoꝛ ducatu ꝛ causa.ⒸDe quadꝛantibus
circuli coꝛꝑalibus ꝛ spiritalibus.ⒸDe cōmiꝛtione nature cardinuꝛ. ⒸDe
quadꝛantib⁹ꝛ domicilioꝛ coloꝛibus.ⒸDe quadꝛantibus ascendentibus
ꝛ descendentibus longis ꝛ bꝛeuib⁹. ⒸDe partitione quaterne rerū . ⒸDe
quadꝛantibus diei ꝛ hoꝛis, ⒸDe dñis dieꝛ ꝛ hoꝛarū.

Capłm pꝛimū de natura stellarum.

Rimoꝛdio tractatus partim singulares nūc stellarū nunc si
gnoꝛ naturas partim cōes vtroꝛūꝗ affectus secuti sumus ·
Deinceps vniuersalis in hoc quidē signo in sequenti stellarū
ducatus insequimur ac pꝛimū occurrit vt foꝛmarū que ꝑ sin
gulos signoꝛ ducatus oꝛiunt rōnem eꝛponam⁹·. Ulꝛ eniꝛ in
intellectu cōcepte ab oi sensu aliene sunt tam graui ammira
tione ho es in tantas opiniones agunt;vt uel maꝛīa astrologoꝛ pars cuꝛ
de oꝛtu harū foꝛmarū legerent nec vsꝗ ad ducatus earū ꝑueniꝛēt in eam
opinionē ducti vt rem eꝛistimarēt aut ꝑsus inefficacē aut foꝛsan affectus
ab hoie intellectu alieni ꝙꝗ ꝑsaꝛ astrologi hermes ꝛ ascalius. Jndoꝛ ꝙꝛ

ſūmates in electorib°librıs ſuis ppıijs harū formax qualitates atcq vires
ſolerti indagine exquiſitas relinquerunt ducatu quidē eax partim figere
deſcriptione partim ppıietatē partim etiā qualitatū expōne legentis inge/
nio atcq intellectu cōmendato ptē aūt vt alti°remota erat vt nec qñ ſcirent
ſic nec ſciendū tradiderint nō quodā artificio celeſte potentia experiente.
Quox ducatus qñ huius negocij nō ſunt alia differim° . Nec tñ exiſtimā
dum eox qui huiuſmodi rerū ſciam adepti poſteris reliquerunt eam intē/
tionē fuiſſe cp aliquā eiuſmodi in celo eſſe intelligerent aut ſic corporeum
quid aut ita ſiguratū aut his qualitatibus infectū quo ad eiuſmodi forme
in ea eſſentia per ſingulos ſignox gradus decanos ſup terre faciez oꝛirent
Uerū vt ſingula circuli loca ſignoꝛumcq ſingulos decanos varios rex euē
tus conſequi vtcq adeo quidē vt nonnulli ſignis z gradibus circuli rerum
oēm ducatū negantes formas tum deſup ferri aſſerent que cognatos rex
inferioꝛis mundi figuras trahendo in varios caſus agitent. Cū hec inquā
viderent eiuſmodi affectib°formas conſentaneas per ſignoꝛū dixerunt vt
affinioꝛe aliquo ſermone diſtentis intellectum dirigerent celicq ſecreta ab
vmbrato ſermone z minus occultarent z ſapienti ingenio pleno intellectu
deſignarent ſiccq inter eos z nominibus z deſcriptionibus varijs diſcerne
runt partim quidem generi noſtro affinibus partim inauditis atcq imagi/
natione noſtra alienis quod genus idcirco adhibuerūt vt inter inferioꝛis
z ſuperioꝛis mundi formas longe diſcernendū iudicarent. Inuenim°igit
inter oēs huius artificij ſcriptoꝛes trinā celeſtiū formarum diuerſitatē de
quibus partim dictū eſt partim dicendū reſtat pꝛeter cp nonnulli alias ce
lo attribuūt z res z formas. Que quoniā huius negocij non ſunt ſuis tra/
ctatibus relinquimus. De eis vero que aſſumimus pꝛimū exponemus,eas
formas earūcq loca in quibus perſe caldei z egyptij cōueniūt deinde indi/
cam inuentionē adhibemus. Poſtremo.48. imaginū quas alatus z pto/
lomeus deſcribunt oꝛtus oꝛdinabimus. Que quoniā ſingule ex ſuis ſtellis
cōponunt quas motu ſuo circuli loca tpis impendio mutare neceſſe eſt a
ꝑtholomayca collatione pꝛogreſſu facta. Nos vt albumaſar noſtri tempo
ris oꝛtus eox metimur:terminūcq ſubiungens alexandri videlicet Anno
1160.z nobis pꝛogrediēdi modū reliquit. Alij vero quas indi quaſcq per
ſe tribuūt ab eiſdem locis immote in eiſdez ſemp decanis oꝛiunt. Nec eni
he ſtellate ſunt vt iſti ſed ſupioꝛis circuli quedā interſignia indice vero foꝛ
me in ſingulis decanis oꝛiunt cetere partim in ſingulis partim in pluribul
hoc apud nos pꝛiuilegium eſt vt ſicut albumaſar nihil de his formis a pꝛi
ma inuentione variat ſic tranſlatio noſtra nec vnum de verbis eius cōmu
ret nec punctum vnū addens vel minuens.

St igitur aries na
tura igneus guſtu
amarꝰ ſtature poꝛ
recte bicoloꝛ biſoꝛ
mis augmentans
diem vltra hoꝛas. 12. oꝛtu minoꝛ. 30. gradibꝰ. Oꝛiũ in pꝛimo
eius decano vt perſe ſeruut ſemina cui nomẽ ſplendoꝛis filia
poſtꝗ cauda piſcis marini ac
pꝛielpiũ eridonij caputꝗ ceruo
tauri. i. foꝛme ex ceruo ⁊ tauro
cõgeſte. Poſt hec cunocefalus
manu ſiniſtra candelaꝛ dextra
clauam gerẽs. Juxta indos vir
niger oculis rubeis grandi coꝛ-
poꝛe foꝛtis animoſus ſeroꝛ erectus iugibꝰmemoꝛ albo lintheo veſtitus de
48. imaginibꝰ. Poſt grecos ⁊ ptolomeũ doꝛſum celphei ꝗ̃ arabes dñm ſo
lis vocant clunisꝗ eiuſdem ⁊ genua atꝗ ſiniſtra manus mediṹꝗ doꝛſum
andꝛomade clunisꝗ ⁊ coꝛa ſinisꝗ ſerni piſcis ſecũdus quoꝗ filum lini. i.
inteſtinũ ceti. ⁊ In ſecũdo arietis decano iuxta perſas mediuꝛ marini me
diũ eridonij mediũ ceruothauri nauis equus manu celũ gerens ſemina ca
put ſuũ pectens cum bꝛachijs ferreis caput meduſe curuuisꝗ harpes perſei
ꝗ̃ arabes nembus perſe indos ſemina ſindone ac pannis rubeis induta
vna pede equi:ipſa foꝛme equine cogitãs ire queſitũ pannos monilia pꝛolem. Poſt grecos de. 48. ſtelliferis coꝛa cephei dñm ſoliſ tibie cũ pedibꝰ
caput perſei ſinisꝗ manus dexter pedes andꝛomade eridaniꝰ caput arietis ⁊ coꝛnua reliquũꝗ lini cum pectoꝛe ceti. ⁊ In tercio arietis decano iuxta perſas iuuenis cui nomẽ falſus ſolio reſidẽs cuꝛ quo equus duplex ac
poſterioꝛa ſolij geniti deficiendo deos acclamantis. pectus quoꝗ piſcis ⁊
caput poſtremũ eridoni cauda ceruothauri: ſecundaꝗ medietas frontis
Juxta indos vir flaui coloꝛis crine rubeo:feroꝛ manu toꝛquens ligneum
virgamꝗ gregis rubeis indutus aptus artificio ferri geſtiens id apte face
re quia decanus iouis eſt vt indis placet nec pꝛeualet qꝛ domiciliũ martis
Poſt grecos deſtellatis pectus perſei cum manu ſiniſtra quia meduſe caput defert ſtellaꝗ oblonga in capite arietis venter quoꝗ arietis ⁊ caput
ceti.

℺Thaurus nature terreus gu
ſtu acidus augmētās. diē natu
ra diminuꝰ. Oꝛiͤ in pꝛimo eiuſ
decano vt perſe docent gladio
ſuccinctus oꝛion ſiniſtra manu
gladiũ deꝛtra haſtaꜱ tenͤs ſu
pꝛa manũ eius duo cādelabꝛa
iꝓm alloquentia ꜱ noie oꝛionͤ
appellātia. Poſt hoc nauis eꝛ
imia ſupꝛa quã vir nudus reſi
dens ſubtus vero dimidiũ coꝛ
pus femine moꝛtue deinde vir
humero tenͤs diminutus capi
te canino ꝙ genus parſarũ lin
gua ſaꝛ greca cynocephali lati
na antipites appellāt. Juꝛta

ndos femina circuita criſpa honeſta demonio ſimilis pꝛolem habens in
dutaꜱ pannis partim aduſta vnde ſolicite queritet pannos ꜱ oꝛnamenta
ſilo Poſt grecos mediũ perſei ꜱ clunis caputꜱ ꝙ manu ſiniſtra gerit femo
ra atꜱ ilia arietis locuſꜱ infectione arietis ſinus atꜱ ſpuma eridanij ſeu
nili. ℭ In ſecũdo thauri decano iuꝛta perſas nauis ſupꝛ a quã vir nudus
in partem nauis tendens eleuata manu clauem geſtans ſecũdaꜱ medie
tas ſemine moꝛtue dimidiũꜱ coꝛpus ſincipitis manu deꝛtra haſtam ꜱ ſpi
culam ſerens ſiniſtra clauem vtraꜱ manu aſſignans. Juꝛta indos vir coꝛ
pore ac vultu ſimili vꝛoꝛͤ habens tauro ſimilem digitans caput vngulas
imitans robuſto coꝛpoꝛe ardenti ſtomacho edaꝛ atꜱ impatiͤs famis lin
theo veteri indutus ſollicitus domos ac terras incolere boues aratro iu
gare. Poſt hec foꝛma defecti coꝛpoꝛis deꝛtra manu virgã tenͤs ſiniſtra i
ſublime leuata Poſt grecos genua perſei cũ tibia ꜱ pede poſterioꝛ doꝛſuꜱ
tauri ꜱ venter armꝰcũ deꝛtro pede fluuius a pꝛincipio vſꜱ ppe finͤ.℺ In
tercio tauri decano iuꝛta pſas finis ancipiꜱ deinde vir erectus angues te
nens at duo plauſtra ſup quã vir iuuenis reſidͤs duos equoſ plauſtra tra
hentes agrũ hũc ꝑ crura trahens manu ſiniſtra. Juꝛta indoꝯ vir valde al
bis dentibus euerſis labijs longis pedibꝰ ruffi coloꝛis enive rubeo coꝛpe
eꝛ elephãte ꜱ leone congeſto turbati ſenſus maliuolus ſcamno inſedens
tapeto inuolutus niger hoꝛꝛibilis cum quo equus boꝛealis thauruſꜱ pꝛo
ſtratus Poſt grecos deꝛter perſei pes ꜱ humerꝰ habenas trahͤs manuſꜱ
ſiniſtra cum fine freni peſꜱ ſiniſter caput thauri ꜱ genua cũ radice coꝛnuũ
finis etiã ſub oꝛionis manu ſiniſꜱ flluuij cum ſuo ſinu.

℈emini fignū nature aereuz
guſt u dulce coloris celica dire/
cte ſt ature:oriɜ in primo ei⁹ de/
cano vt pſis placet cauda cinci
pitis poſtɞ virgā manu tenens
eū quo ex parte auſtri duo cur
rus poſt geminos equos iuga/
les ſupra quos vir agitans reſi
det poſt hoc caput ceraſtis: iux
indos mulier formoſa beniuo/
la erecta ſolicita plez ɜ ornamē
ta que rez ſuendi ac pulchra ar
tificij docta oriɜ cū ea ſpeculum
plucidū:poſt grecos caput auri
ge ɜ a genu dextro vſɞ ad pe/
dē auſtrali tauri cornu orionis

humerus finiſter caput leporis ɜ manus.i.pars anterior. ℂ In ſcōo gemi
noꝛ decano iuxta perſas aureo vir canēs calamo. Perſica lingua ternuel
les greca hercules dict⁹ idemɞ nixus genu pariter ɜ colub er arborē aſcē/
dens fugiendo tamen velloni medium ceraſtis. cum quo lupus manu ſi/
gnata. Juxta nidos vir ethiopi ſimilis colore griſis caput plumbam vitta
ligatus armis ligatus:ferrea tectus galea deſuper vt ſunt currit⁹ manu ar
cum tenens ɜ ſagittas iocos ɜ ſaltus parans cantans timpanū pcutiēs po
ma ex orto rapiēs qui ſimul oriɜ cum eo multū odoriferi ligni: poſt grecos
dextra aurige manus atɞ altū poſterioꝛ tauri pedum ſimulɞ orionis ca
put humerus manus pectus baltheus genu cū pede leporiſɞ pectus ɜ clu
nis.℃ In tercio decano iuxta perſas aſton ɋ arabes muſcū timpaniſtrā
interpretant ſup verticē eius pcera mirtus cū eo corde ɜ calami aurei dein
de canis latrans cum delphina ɜ lince poſt hec ornamēta ſutoris primaɞ
medietas minoris vꝛſe cum cauda ceraſtis ariſte radicez amplexa. Juxta
indos vir arma induenda querens arcum ɜ pharetram geſtans’ vna ma/
nu ſagittam operoſas telas ɜ naufragia muſice modulamina locos ɜ gau
dia multifaria celebrare cogitans: poſt grecos pollutis humeris manus
clunis et pes de cricaſtoris coxa et pes leporis cauda canis erecta et pes
dexter primuſɞ agricole nauis remus cum fine ſecundi.

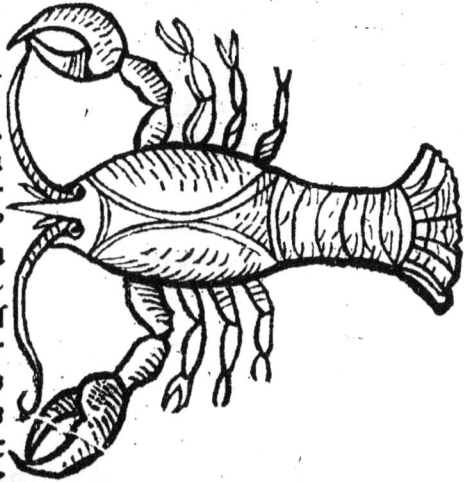

Lancer aquee nature gustu
salsus ozitur in primo decano
vt persis visum est medietas mi
nozis vrse cum qua forma per
fecta romana lingua satirus ru
ptis panniculis inuolutus pin
quus aflon musici timpanu per
cutiens simul lamina ferri cui⁹
caput eneum cum de tribus pu
ellis prima virginib⁹ postᵹ ca
put scarabonis z cauda aspidis
emebzata est. Iuxta indos vir
adolescens clare forme panis
oznatis vestitus facie ac digitis
aliquantuluz tortis corpoze ex
equo z elephante composito pe

dibus fructuū generibus arbozūᵹ frondibus circumpensus cuius mano
in agro quo scandalū nascit Post grecos facies calixto cum vtroᵹ gemi
noz capite z manu deinde canis minoz reliquum maiozis atᵹ puppis ar
gos cum remozum dnis In secundo cancri decano iuxta persas puella
facunda tribus virginib⁹ quoddaᵹ nubi simili post hec anterioz medietas
canis cum dimidio auriū asini septentrionalis mediū scarabonis mediūᵹ
zembzarū. Iuxta indos puella placidi visus capite corona ex cedzo atᵹ
mirto rubeo manu virgam ligneā gestans altis vocibus de amore suo pu
tandi z canendi laudisᵹ deoz in templo clamitans Post grecos caput ca
lixto cum posteriozi cancri fozcipe atᵹ fine puppis argos. In tercio de
cano cancri iuxta persas puella tercia de tribus virginibus secum deferes
nunc accedens non recedens: canisᵹ posterioz medietas cuz secunda me
dietate auriū asini pariter z secundus asinus australis deinde finis stara
bonis atᵹ caput zembzarū. Iuxta indos vir pedem habens tartuce pe
dem similem cozzigiole seu ᵹ arabes tiniam lini dicunt colore tinctū supza
cuius corpus anguis extentus ipse aurifrigijs oznatus cogitans nauigio
pontum puolare auri negocio z argenti. Unde muliebzia sumat oznamen
ta. Post grecos occiput vrse maiozis cum manu dextra z pede tum caput
asine quem colubzem dicimus velum nauis z deinceps.

Leo natura igneus coleriení
ozis in primo eius decano vt p̃
ke ſcribunt cauda canis arcu ſa
cientis forma leonis dimidia
nauis cum remo τ nauiculo ca
put idzee caput equi caput aſi/
ni. Juxta indos arbozes expan
ſe radicis ramis cané furionez
τ aucamina ſerés par iter τ vir
obſcenis pannis indutus paré
tes lugere parans cum quo do
min'equi in parté bozee reſpi/
cientes vzſe ſimul cuz quo ſicce
τ ſagite caput canis reſcz ſil ca
ni Poſt grecos colluz vzſe cum
manu ſiniſtra rictus leonis cũ

manu collum aſina mediumcz nauis. In ſcdo leonis decano iuxta per
ſas idolum eleuata manu alta voce clamitans cum quo timpana ſaltozia
decu primo pariter τ cantilene multimode tamen plenus bacho ſenex cuz
cratere τ vitrea ſimulcz detibie decoznibus campoli : deinde anathais τ
haraiben ac cauda pozzigentis manum. Secũdacz medietatis nauis cer/
nis ydze medium equi medium aſini. Juxta indos uir acuto naſo capi/
te cozoná ex albo mirto arcum latronibus imitanté geſtãs callidus atrox
ſeritate leoni ſimilis:ſindone leonum calozis indutus Poſt grecos hume
ri maiozis arctos cũ manu dextra cum vi leonis τ harmus medium colu/
bui cum argos prora. Ju tercio leonis decano iuxta perſas adoleſcens
cui nomen ſeclos nimiũ flagello agens plauſtrum ducens deſuper homi/
nem ſedentem ſequitur paruulus manu ſiniſtra taurum τ vaccam trahens
tum coznus medium ydze poſterius aſini poſterius equi. Juxta indos vir
forma ethiopi ſimul turpis obſcenus multe péne grauis anxie oze carnem
τ pomum manu vzceuu tenens. Poſt grecos pectus maiozis vzſe mediũ
leonis parſcz colubzi.

Uirgo signum fertile bipartitum triforme . Oritur in primo eiº decano vt perse caldei z egyptij omniũcz duoruz hermes z ascalius. A primeua etate docent puella cui persicuz nomen secdeidos de darzama arabice interpretatũ ad re.nedefa.i.virgo munda puella dico virgo immaculata:corpore decora:vultu venusta habitu modesta:crine prolixo manu geminas aristas tenens supra soliũ auleatũ residẽs: puerum nutriens ac iure pascens in loco cui nome hebrea puerũ dico a quibusdã nationibus nominatũ ihesũ significantibus eiza quez nos grece xpm dicimº oriɽ cum ea virgine ut eidem solio insidens nec attingens pariter z stella ariste que finis est serpentis secundi deinde caput cerui capitcz leonis Juxta indos puella virgo sindone ac pannis antiquis induta in manu eiºfacies vtiɽro manuucz deprehẽsa stans in medio formose mirte volẽs ad domos parentum z amicorum ire vestimenta questũ z monilia: post grecos cuspis caude draconis cauda vrse cõpede clunis leonis pedes z cauda cũ cratere ad caput colubri parscz colubri. In. 2. v. d. iuxta persas musicus tympanũ percutiens pariter z calamo canẽs postcz homo comete dñs cũ dimidio forme persica lingua albeze romana feton dicte est aut homo cui caput tauri in manu eius dimidius homo nudus post hoc dimidiũ fossoriũ ligneũ cuius caput ferreuz z cauda idre dimidiũ corui dimidiũ leonis. Juxta indos vir niger hirsutus triplici panno indutus corio serico lintheo rubeo incaustũ manu ferens sumptus z questus cõputare intendens post grecos ps caude draconis clunis vrse maioris finis oblonge quã ad de vba dicunt caput virginis z humerus sinister caput corui cũm rostro z aliũ caudacz centauri. In. 3. v. d. iuxta persas secunda medietas mino tauri albeze: secundacz medietas homiuis nudi. Secundacz medietas fossorij cauda corui cauda leonis simul z arista atcz duo thauri cum dimidia dune pastoris Juxta indos mulier muta casta cãdida magnanimis lintheo tincta loco nondũ exficcato vestita sollicita orandi causa tẽpla visitare maioris reliquiũcz ad beba .Cũ virginis humerus dextra cũ parte pectoris corui spina clunis centauri cum coxa.

℃⸗ signum tpatum oztu addu
ctum: bicolo: fozme: stature di⸗
recte. Ozitur in pmo ei° decano
vt pse ferunt, vir iracūduf in fini
stra eiuf manu staterā: in dextra
agnus cum quo libzi inscripti: ac
tercia pars scie ei° quozum noia
carathimeme In semita eozum
muficus equū sedens timpanuz
percutiens calamo canens: post
hoc dzaconis caput primūq ei°
quā perfe maioze vzsam vocant
cum nauis canna. Juxta indos
vir manu modiū z libzā gestans
ad foz in tentozia sedens docte
intendēs menti appēdere z mer
cari. Post grecos medium caude maiozis vzse: mediūq alui virginis cum
manu sinistra qua aristaz gerit cauda cozui parfq caude colubzi australis
z afine dextram: humerus centauri parfq pegafi. ℂ In scdo libze decano
Juxta persas vir agitarius cui perficū nomen bzedemif cum quo plaustrū
in quo vir manu flagellum tenens z canistrum rubeum: alteriuf viri secum
cum ostra mantice exumene colozate: tū ōplures farmarij atq confectina
riozum: post hoc vir lectice infidens circa ipsum socij: deinde pufillus me⸗
diūq nauis pars anterioz centauri medie nauis mediūmq dzaconis cū
medio maiozis vzse fimul cum aqua fonte. Juxta indos vir fozme vultur?
aukamie fitibund° manu debilis per aera volitare volens cupiendo vxoze
z pzolem. Post grecos pars caude dzaconis: finis caude vzse maiozif cum
crure finistro sedis virgineo atq equus centauri: cum humero et pectoze.
ℂ In tercio libze decano. Juxta persas posteri° dzaconis cū puppe nauis
ac fine centauri vzseq maiozis: deinde cerebzum capitis: herme femotum
a capite: deinde vir nudus arbedi nomine cubito suffultuf manū finistram
supza caput habens dextra ocedens tū cozuua arbedi supza capita duozū
hoim quozum capita geminis cozuibus onerata perplexis inuicem quozū
nomen estuarius: post has res quedam note celū. Juxta indos vir equini
vultus manticie honozatur manu arcū gestans z sagitas vna iam sagitta
impofita inter virgulta stans intentione venandi solus rerum euentus con
fiderans. Post grecos pars caude dzaconis manus archadis cū bzachio
genu dextro: finifq habenarum virginifq compede cētauri quoq manus
finistra cum pede lupi.

f

Cm natura flegmatic°. Oritur
in primo eius decano vt perse as
ferunt finis eg masculi qui z ipse
bridemiss appellat quez ipsi cen/
taurum dicunt. Cum quo finis
thauri:simulq nigellus iactoz in
manu eius hastile:resq cimbalu
dicta. Juxta indos mulier ada/
pte state omnino ydonea cibos
gestiens fame:flabellas terrasq
pambulare. P'grecos man'ar
chadis psq caputz asine cauda
caput gozgonis qua aloue dicut
cum bzachio dextro tu libze pe/
ctus z humeri sinisq alfeca.i.co
rona adziagnes finis lupi cum

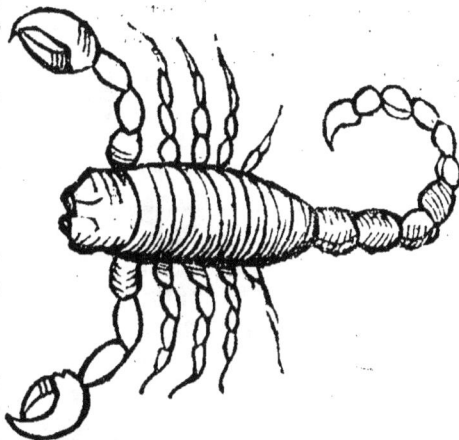

cauda:caudaq centauri.C Jn scdo M decano. Juxta persas vir nud° cui
nome affalius mediumq masculi cum medio thauri. Juxta indos puella
exul vultu placido nuda sine veste et pecunia pede copedi astricto: pelago
fluctuans z tanq littoza captans. Post grecos lacertus vzse minozis cum
parte caude dzaconis: atq hastile gozgonis cum cozona septentrionali cu
crura libze z pede cum tiela scozpionis dozsumq lupi.C Jn tercio M dec.
Juxta psas pars anterioz ingetis equi masculi cauda sup tergu reu oluta
parsq anterioz thauri cum parte canis testi adoperti: quoniam trahentez
habenas dicut in manu eius gemini angues. Juxta indos canis furiosus
siluestris ingens setis albicantibus generaq venationum sandaletum ha
bitantia respectu mutuo singula abinuicem diffugeritia. Post grecos pect°
minozis arcos sinusq dzaconis:tum euganeseos humerus z bzachiu dex/
trum cum septentarij bzachio dextro venter scozpionis: laterumq nodus:
postremo caput thuribuli igniferi.

¶ Ɇ bicorpor medio intercept⁹:
Oritur in primo decano vt p̄fis
visū est. Forma viri ornati nudi
capite diminuti acclamantis na
uem supra cuius caput cornu⁹ ro
stro ꝓpe nauis contiguo:deinde
corpus canis testa adoperti de/
iecti est caput ad caudā. Juxta
indos centaurus a femore sursū
homo indus: deiceps equus in
manu eius arcus et spicula iam
arcui imposita cū valido clamo
re tendens ad locum cūm rama
spoliandi causa proprijs vsib⁹.
Post grecos cernis miozis vrse
cū parte draconis clunis alcide
cū parte dorsi caput etiam ac pars corporis agnos genentis humerus dex
tra clunis cum clune ꓖ pede siniftro:tum aculeꝰ scorpij corpulꝗ thuribuli.
¶ In scdo Ɇ decano. Juxta persas cerarastus persꝰ sinistra manu catus
fauces obtundens dextra capricorni cornua p̄mens pede dextro:fero cani
resistens in canis capite lepor: caputꝗ leonis pariter et dimidium corpus
naute dimidiūꝗ nauis cum dimidio delphine mediꝗ astrocome. Juxta
indos mulier camelum sedens pilosa pānis induta cuꝗ karcan id est veste
pilea inter manus eius cistella redimicula continens . Post grecos pectꝰ
v rse miozis cum parte draconis ꓖ genu alcide:tum vultures duo: tū angni
tenentis caput cum humero ꓖ manu sinistra parsꝗ anguis finisꝗ nonarci
cum parte qua manus sagittam tenet atꝗ ferro sagitte:ac pars seri austral'
¶ In tercio Ɇ decano. Juxta persas canis in cuius ore manus pia caṡ fi
nisꝗ feri canis cum lepore atꝗ cetero leonis corpore nauteꝗ reliquo:scda
medietas nauis et delphini cum cauda astroconis tum dimidium arctos
al e ꓖ vrse maioris plaustrum nauis:tum draco ꓖ serpens inuicem perpleti
Juxta indos vir aurei coloris pilea tunica atꝗ arboris cortice amictus:in
manu eius duo torques lignei ipse punicee lectice insidens. Post grecos
corpus minozis vrse cum parte draconis:pars etiam olozis qui ꓖ vultur ca
dens:parsꝗ caude serpentis caput sagittarij humerus cum pede anterioꝛ
ac parte serti australis .

f 2

Ⅽ Ɗ formia rotūdus imperfect⁹
nature duplici. Oritur in primo
eius decano vt perfaruz opinio.
Secūda medietas vrfe maioris
pariter ꝛ mulier aquatica quam
bed as dicunt cum capite piscis
ingentis:primumꝗ fontis aque
nociue:primūꝗ fere dolore cor ,
pore fuine capite canis.quaꝛ pfe
fax vocant. Juxta indos vir ni⸗
ger hirfutus atrox corpore fus
filueftr̃ dentib⁹ ad trabis men⸗
furam longis vt fpina acutis cū
eo ligamina boum ꝛ iumentoꝛū
rethib⁹pifcari parans. Poſt gre
cos dimidium vrfe minoris pſꝗ
draconis cum ceruice finiſꝗ cigni ꝙ ꝛ azelfage.i.tarcuta cum fine galline:
ꝛ alarū parte:pars quoꝗ addita menti arctophilacis paſtoris atꝗ ei⁹equi
Ⅽ Jn fcho decano Ɗ Juxta perfas mulier quaꝛ ipfi albꝛahe romani ieulie
dicunt lectica refidens cum qua arboꝛuitis medium piscis ingentis cū me
dio fonte nociuo medioꝗ feta dolofa:poftremo dimidiū plauſtrū. Juxta
indos mulier nigris pannis ac findone amicta habens de pecunia igne ex
cocta:ferro laboꝛata cum ea mufcule ꝛ fimie. Poſt grecos poſtremuꝛ vrfe
minoris pars caude draconis medio ꝛtigua cum parte corpoꝛif qua pect⁹
fequetur. Tum ala galline cum collo ꝛ roſtro tum telum tum corp⁹ aquile
tum capricoꝛni cornua cum fine fagittarif. Ⅽ Jn tercio Ɗ decano. Juxta
pſas cauda piscis cui poſtremo fontif noxif poſtremoꝗ fere dolofe ac fcda
medietate plauſtri:tum dimidiū rei monſtruofe fubhani qua maftar dicūt
equabilis ſtatere fine capite ꝙ manu defert. Juxta indos mulier vifu pla
cida oculis nigris manus tenues habens opere laboꝛans multiplici confi
cere fibi coloꝛes oꝛnatos ex ferro. Poſt grecos clunis vrfe minoris cū finu
draconis:tum pes galline dexter cum ala finiſtra.Delphinus etiam ꝛ bꝛa
chia aquarif mediumꝗ capricoꝛni cum cauda piscis.

Ꝗ æreus aquolus. Oritur in
p̄mo eius decano vt p̄lax̄ tradit
doctrina abudius arabice an-
nameruz id est pantha caputꝗ
trahentis equum cui nomen do
mus delos caputꝗ cētauri quē
almeat dicūt: linistra manu sup̄
caput linuz eleuata. Lū iam ales
capite nigro pilces ex aqnis ra-
piens. Juxta indos vir forme e
thiopis: ellēcie aukanne: tapeto
circumdatus cum eo: vala enea
ad extrahendum aurum vinum
z aquā. Polt grecos cauda minoris vrle cum qua pes et man̄
dextera cephei: pes galline lini-
ster linilcꝗ ale linistre: caput equi primi caput aquarij cūm humero dextro
clunis capricorni cauda: postremum pilcis australis. Ꝗ In secundoꝗ de.
Juxta perlas medium corpus trahentis equum: linistra arcum apprehen-
dens: dextra suem liluestrē quem z pede impellit: in cuius ore colubri: medium centauri cum ala mergi capite nigri limul z draco. Juxta indos vir
rultus ac forme ethiopis equo limul manu arcum z spiculā gestās pariter
z pixides margaritis plenas gēmasꝗ preciolas: iacincto smaragdo atꝗ id
genus. Polt grecos mediū vrle minoris cū coxa z cluna cephei humeroꝗ
dextro: deinde arcus secundus atꝗ ansa vrne in manu aquarij cum clune
medioꝗ corpore pilcis austral. Ꝗ In tercioꝗ decano Juxta perlas alit̄
eximia que gallina est postremumꝗ trahentis equum cum postremo centauri ac line suis quā alaien dicunt. Juxta indos vir niger atrox dololus
aure pilola capite lertum ex frondibus pomis z relina gerens in pondere
pecunie laborās vt loco transmutet. Polt grecos coxa z humerus linister
cephei atꝗ caput cum manu archite mentis parsꝗ vrne cum manu dextra
ac pede linistro aquarij atꝗ capite pilcis australis.

f 3

⸿ X ſignū duplex aqueuȝ. Oriſ
in primo eius decano vt perſaȝ
habet auctoritaſ dimidiumcȝ e⸗
quum alarꝰ cui romanū nomen
pegeſus:ideȝcȝ equus ſedos:de
inde caput ceruithauri quā pſij
attramur dicunt:in manibꝰeius
gemini colubri qȝ Ptholomeo
viſum eſt caput ſcorpionis cū ge
minis in ore colubris. Tū princi
pium fondioniſ arabice atáhaȝ
id eſt cocodrilli quem alij amnē
alij viam peruſtā dicunt. Iurta
indos vir ornate veſtitus domū
tendens ignem tenaci ferrea cō
ponens manu tres piſceſ ante ſe

ponēdo . Poſt grecos poſtremum vrſe minoriſ cū brachio ſiniſtro cephei
ac venter equi ſcōi cum principio piſcis primi ⁊ pte vrne. ⸿ In ſcōo X deć.
Iurta perſas medium ceruotauri in cuius manibus angues. Nam piſceſi
egiptio quem ptholomeus audit medium ſcorpionis angui ferri : viſum
deindemediuȝ cocodrilli ſiue amnis aut vie peruſte. Iurta indos mulier
vultu venuſta corpore candida mari nauigans pectori puppi aſtricto:cum
ea cognati eius ⁊ noti ipſa portum deſiderás. Poſt grecos crus cephei cū
pede peſcȝ ipſius ſolii:manus andromade: caput caſſiapie poſtremuȝequi
icōi cum poſtremo piſcȝ primi ac cauda ceti.⸿ In tercio X decano. Iurta
pſas poſtremū thaurocerui agni tenentis prout ſicheus eſtimat ſcorpionis
colubri feri. Tum finis cocodrilli:tum amnis aut via peruſta:tū vniuerſus
ſorbidulꝰ:tum poſteriora ante oculos eius inter manꝰ ſuas reſidás. Iurta
indos vir porrectis pedibus cum quo maſculū pregnans in vtero ethiopē
habens in rupe ſtanteȝ vociferante primeui predonū ⁊ ignis. Poſt grecos
poſteriꝰ ſolij pectus andromade elecilē tercballē parſ fili linei cū fine ceti.

Æ ſunt diuerſarum nationum inuentiōes celeſtium formarū
per omnem circulum ſupra terre faciem orientium quarum
quedā ſunt comenta que per vniuerſum mōm virtus intimo
nature intellectu cum longeus ſpeculatione. Plurimuȝ vero
diuinis celeſtiū virtutū ſiue humano generi familiarium ſiue
human e neceſſitati deditorū quaſi ſaticiniſ quibuſdam in⸗
notuit ꝗ gens perſica atcȝ indica figmenta primuȝ edidit ꝗ indies qui ad
interioreȝ ſiderum efficaciam penetrent viſu facile eſt. Nam ꝗs ptholomeꝰ
⁊ greci deſcribunt ſpere conſideratio vt primum ordinauit ita nunc per di⸗

uerſos codices facile corrigit. Duiuſmodi nanq̃ formas cum per ſe primũ
in orbe ſignificationes animaduerti ſunt ſapientie fonte in vtranq̃ partem
deriuato:illinc indi ſuperno ingenio arrepti altius conſcendunt:hinc gred
poſt egiptios infra in ſiderea regione ſubſiſtentes diſcreta ſtellarum inter
ualla fabulis ſuis adaptauerunt. Quapropter harum quidez ad ſidereos
mot° metiendos illarũ ad ſidereas vires accipiendas cognitio neceſſaria.

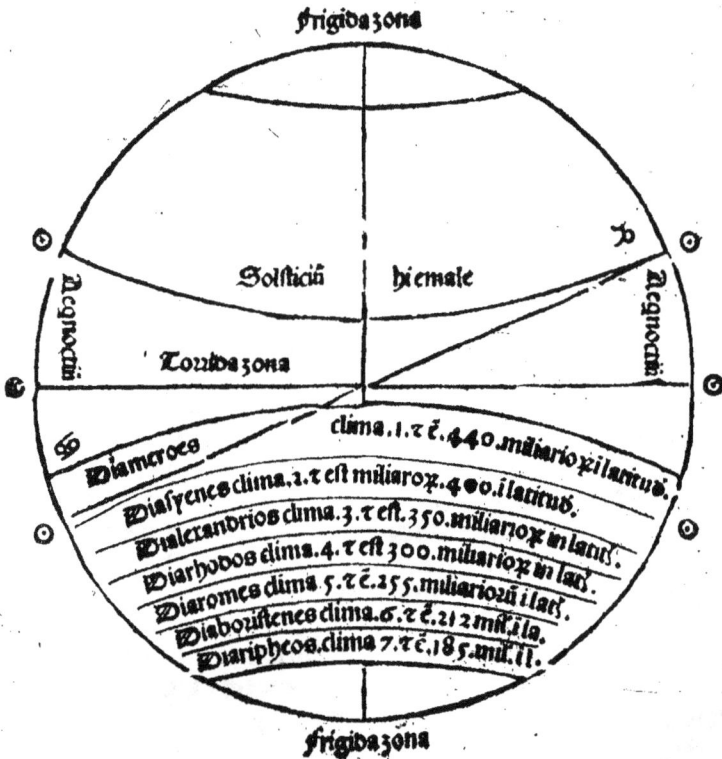

Quoniam deformis que per ſigno℥ decanos oriuntur expe
ditum eſt. Nunc ipſo℥ etiã ſigno℥ ortus per diuerſas terra℞
partes metiri cõſequens eſt. Q̃uis enim omnia ſigna equalis
dimenſionis ſint non tantuz equos omni per terre connexa
circuli obliquitas ortus patitur . Dui°ortus igitur octo ſunt
principales inequalitates videlicet recti ſub linea eg̃noctiali

ad climata septe̅. Zone habitabilis duo sunt circuli qui signiferum orbem
inter secantes signo̅ ortus in equali quantitate metiuntur. Quo̅rum alter
orizon a quo signa in superius emisperiu̅ emergunt atq̅ inferius occu̅bunt
Alter vero meridianus qui celi terreq̅ cardines equali distantia signato.
Signo̅ru̅ itaq̅. 12. in recto circulo per vtru̅q̅ transitus id quaternis eande̅
ortus quantitate̅ seruant:b°. Nam per climata bina quide̅ eade̅ q̅ntitate
oriuntur. Transitus enim per meridianu̅ o̅i̅m idem qui recti circuli. Inter
sunt igitur inter hos signo̅ ortus per singula climata dimidie hore. quo̅
cum diuersi extiterint auctores nos ceteris omissis quonia̅ recti non sunt.

Lexandini signo̅ ortus disponemus. Oriu̅t̅ igitur in recto
circulo ♈ ♉ ♓ :♎ ♏ ♍ singula gradibus. 27. punctis. 53. ♉
♒ ♌ ♏ gradibus. 29. punctis. 54. ♊ ♋ ♐ ♑ gradibus. 32.
punctis. 13. ¶ Latitudo terraru̅ est quantum ab equali linea
distant:eademq̅ ♏ altitudo terrarum appellatur. Quantum
eni̅ vernalis circulus a recto circulo distat tantu̅ orizon infra
polum deprimitur. Nos aut̅ climatum latitudine̅ accipimus totius spacij
quantitate̅. Itaq̅ primi climatis latitudo est ab vno gradu vsq̅ ad grad°
20. puncto̅. 27. Cuius terrarum partis dies maximus equalium horaru̅.
13. Oriu̅t̅ igitur ei terrarum parti ♈ ♉ ♓ singula gradib°. 24. punctis. 10.
♉ ♏♒. 27. gradib° punctis. 4. ♊ ♏ ♑ gradib°. 31. punctis. 6. ♋ ♐ gradib°
33. punctis. 17. ♌ ♏ ♍ gradibus. 32. punctis. 20. ♍ ♏ ♎ gradib°. 31. pun/
ctis. 20. Puic climati ♄ presidet.

Ecundi climatis latitudo a gradibus. 20. punct̅. 27. vsq̅ ad
gradus. 27. pu̅cta. 12. Signorum aut̅ ortus in eo climate ad
latitudine̅ graduu̅. 23. puncto̅. 56. Cuius loci dies maxim°
horarum. 13. ac semis. Oriu̅t̅ igitur ei terraru̅ parti ♈ ♉ ♓
gradibus. 22. punctis. 37. ♉ ♏♒ gradibus. 25. punctis. 38.
♊ ♏ ♑ gradibus. 30. punctis. 30. ♋ ♏ ♐ gradib°. 34. punctis
2. ♌ ♏ ♍ gradibus. 34. punctis. 10. ♍ ♏ ♎ gradibus. 22. punctis. 3. Puic
climati perse ♃ preferunt:romani ☉.

Ercij climatis alexandrias latitudo a gradibus. 27. punctis
12. vsq̅ ad grad°. 33. pu̅cta. 49. Ortus signo̅ ad latitudine̅
graduu̅. 30. puncto̅. 22. Cuius loci maximus dies horaru̅
14. Oriuntur ei loco ♈ ♉ ♓ gradibus. 20. punctis. 54. ♉ ♏♒
gradibus. 24. punctis. 12. ♊ ♏ ♑ gradibus. 29. punctis. 55.
♋ ♏ ♐ gradibus. 34. ♏ punctis: 37. ♌ ♏ ♍ gradibus. 35. pun
ctis. 36. ♍ et ♎ gradibus. 34. punctis. 47. Poc clima perse ♂ assignarunt
romani ♀.

Uarti climatis latitudo a gradibus.33.punctis.49.vſcꝗ ad gradus.38.punctis.46.Ortus ſignorum ad latitudineʒ graduum.36.punctis.6.Cuius dies maximus horarum.14.ac ſemis.Oriunt illic aries z piſces gradibus.19.punctis.12: Taurus z aquarius gradibus.22.punctis.46.Gemini z capricornus gradib⁹29.punctis.17.Cancer z ſagittarius gradibus.35.punctis.54.Leo z ſcorpio gradibus.37.punctis.3.Uirgo z libra gradibus.36.punctis.27.Hoc clima iuxta perſas ſolis eſt: iuxta romanos iouis.

Uinti climatis dracones latitudo a gradib⁹.38.punctis.46 vſcꝗ ad gradus.42.punctis:58.Ortus ſignoruʒ ad latitudiné graduú.40.punctis.46.Cuius dies maximus horarum 15.Oriunt illic aries z piſces gradibus.15.púcta.32.Taur⁹ z aquarius gradibus.21.punct(.19.Gemini z capricornus gradibus.29.punct(:37.Cancer z ſagittarius gradibus.35 punctis.53.Leo z ſcorpius gradibus.38.punctis.6.Uirgo z libra gradibus.37.punctis.41.Hoc clima vtrorúcꝫ ſñia veneris eſt.

Exti climatis latitudo a gdib⁹.42.punct(.58.vſcꝗ ad grad⁹ 47.ac puncta duo.Ortus ſignoꝝ ad latitudiné gradib⁹.45. z punctoꝝ.21.cuius maximus dies horarum.15.z ſemis. Oriunt illic aries z piſces gradibus.15.púctis.55.Taurus z aquarius gradibus.19.punctis.53.Gemini z capricorn⁹ gradibus.27.punctis.56.Cancer z ſagittarius gradib⁹.36. punctis:37.Leo z ſcorpius gradibus.39.punctis.54.Uirgo z libra gradibus.39.punctis.45.Huius climatis dñm perſe mercuriú putant:romani vero lunam eſtimant.

Eptimi climatis latitudo a gradibus.47.punctis duobus vſcꝗ ad gradus.63.Ortus aút ſignoꝛú in eodem climate ad latitudiné graduum.48.punctoꝝ.32.Cuius terrarú partis maximus horarú dies.16.Oriunt igit ei terraruʒ parti aries z piſces gradibus.14.punctis.33.Taurus z aquarius gradibus.18.punctis.41.Gemini z capricornus gradus27.punctis.18.Cancer z ſagittarius gradib⁹.37.punctis.15.Leo z ſcorpius gradibus.41.punctis.6.Uirgo z libra gradibus.41.punctis.6.Climatis hui⁹ dñm perſe lunam memorant:romani martem.

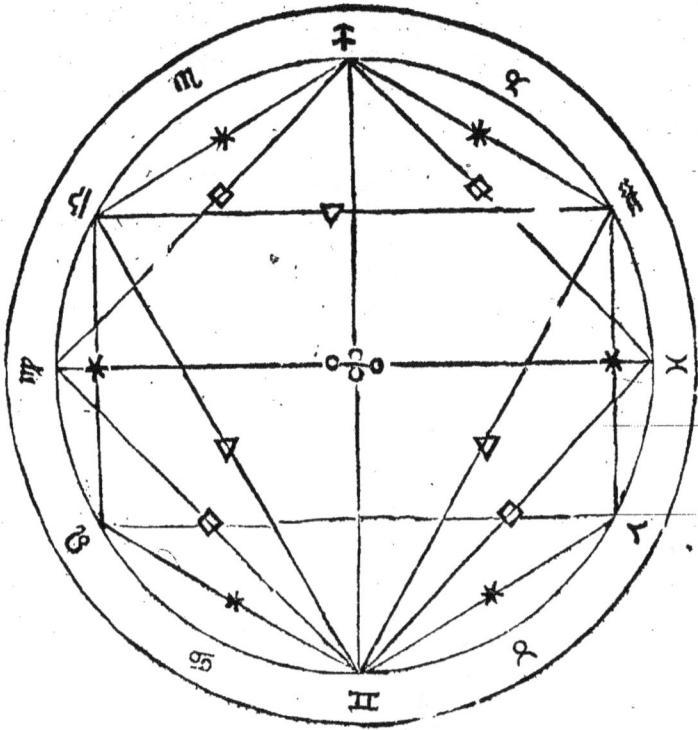

Is habitis nunc per omnē signoꝝ circuluꝫ respectus ꞁmetir conuenit. Signoꝝ quippe respectus vel geometrica sectione vel numerali graduū ꝑportionę adinuicē respōdent · Secāt aūt geometrica sectione circulū coꝛde vꞇ equales quidā pꝛo poꝛtionales qualis est numeroꝝ ꝑpoꝛtio multiplex ꞇ suꝑpar ticularis armonicis nexibus cōgrua huiusmodi ergo conso na ꝑpoꝛtionabilitate astrologi graduū respectꝰ metꞏunꞏ. Jdcꝗ triplici mo deramine · Pꝛimo quidē vt graduū numerus circuli summā innueret. Se cundo vt graduū numerus signoꝝ conficiat numerū totū circulū metientē Tercio vt graduū numerus coꝛdā arcus metiaꞇ totū circulū metientis su pꝛa quā figura quelibet circulo contenta laterū ꞇ anguloꝝ fit equaliuꝫ ipsi

circulo pportionalis. ¶ Septē sunt igit huiusmodi signoꝝ respectꝰ oppo
sitio trigoni duo. Tetragoni duo: exagoni duo. Oppositio est ꝑ diametrū
circuli. Trigonus trientē circulū resecat. Tetragonus quadrantē: exagonꝰ
sexantem. In quibus omnibus triplex illud moderameu inuenitur. Naꝝ
oppositionis graduſt 180. circulū bis numerat. Item signoꝛum numeruꝝ
complent qui bis sumptus. 12. efficit. Idemꝗ ꝫ circulnm per mediū secāt
vt vtrimꝗ supꝛa diametron figure semitlitis contente equaliuͤ ad innicem
sint ꝫ laterum ꝫ anguloꝛum. Trigonalis coꝛde arcus graduū. 120. circulo
subtriptus est. Idem ꝫ signoꝛum quatuoꝛ que ter accepta. 12. complent su
pꝛa coꝛda trigonus equilaterus ꝫ equi angulus circulo contentus. Tetra,
gonici lateris poꝛtioni graduū. 90. circulo quadꝛuplus est. Eadē signoꝛuꝝ
trium quaternumeratum qui in se ductū tetragonū reddit circulo conten
tū. Exagonice coꝛde arcus gradnū. 60. sexies acceptus circulū metiſ. Idē
signoꝛum duum his sexies. 12. faciūt supꝛa coꝛdaꝳ. Exagonus circulo cō
tentus equi angulus ꝫ equilaterus. Omnis igiſ circulus ipse multiplex est
iꝑi. n. arcus ꝫ coꝛde inter sese partim multiplicium partim super particula,
rium pꝛopoꝛtionabilitatē obseruant ut. 180. se equaliter. 120. duplus. 90.
triplus. 60. atꝗ adhunc modum angulis suis supꝛa centrum siue supꝛa cir
cumferentiū est duplum trigonalis obtusum exagonalis acutum basium
suarum que eiusdem circuli coꝛde sunt pꝛopoꝛtionabilitatē seruātes. Mu
sici vero dimidium ꝫ trientem maioꝛes numeros appellant eo ꝗ duplam
ꝫ sesquialteram ppoꝛtionez reddant moderatissimas diapason ꝫ diapen,
te consonātias. Hac igiſ de causa circulus pꝛimo per mediū secari debuit
ꝗ nihil alteri medietati conuenit ꝗ alteri non conueniat cuius medietas
tetragonum reddit. Triens exagonū qui duplicatus trigonū circulum vi,
delicet trientez conficit ad medietatis pꝛopoꝛtionē pꝛeter hos. Alij huius,
modi sectionum circuli rationes ex ipsa stellarū habitudine mutuantur as
serentes ideo per diametrum sectum quoniam in oppositione solis stella,
rum lumen est adeo quidem vt luna eosꝗ ad oppositionez lumiñe crescat
hec plena deinde decrescat. Tetragonum autem ex eo comentati sunt ꝗ
stella queꝗ quociens a sede sua nonagenis gradibus distat motu variaſ.
Trigonum autem ex duabus stellis superioꝛibus que quociens a sole circa,
ca. 120. gradus distāt motu inter directū atꝗ retrogradū mutanſ. Exago
nū aūt latus dimidium diametros erat quantum veneris domicilia a lu,
minū domicilijs distant his igitur de caussis huiusmodi sectionibus circu
lum partimur vt quocūꝗ gradu oꝛiēte quicūꝗ alius i qualibet eius linea
fuerit in eius sic respectu ipſi pꝛopoꝛtionabilis vt oꝛiente pꝛimo arietis

gradu in exagone eius est primus geminorum: in tetragono primus can-
cri:in trigono primus leonis:primus libre oppositus sicqz in parte altera in
horz oppositione. Sicqz ergo hec signa mutuo ferunt. Nam cetera aduersa dicunt. Quoniam ergo in oppositione quidem contrarietas est. Tetragon?
vero dimidia oppositio hec duo in partem inimicam recesserunt. Trigon?
autem quia semper in eiusdem nature signum incidit. Exagonusvero dimidij trigoni hec duo partim amice concesserunt. His obuiantes quidaz obi
ciunt. Si circulus in eos numeros secat qui ipsis numerant cum z quincuns
z occus atqz decuns z deinceps de eodem circulo non secant. Quibus ita facile respondemus quoniam nulli preter ea que diximus triplex moderamen
couenit. Quapropter ceteris repudiatis hec obtinuerut.

Capim quartum de signis amicis.

D hunc modum sectionibus circuli perductis inter eas si
gnorz suorz habitudines quasdam ppendimus vt sunt alia
quidem amica:alia vero inimica. Tum alia directe orien
tia alia indirecte. Quod genus nihilomin? aliquid consequi solet. Ac pluraqz huiusmoi amica sunt que sese inuice
trigano aut exagono respiciut. Quorz ea discretio qz exagonus quidem affectione quadam fauet. Trigonus vero cu
summo studio succedit. Inimica sunt que sese oppositione aut tetragono
respiciunt. Atqz horz ea dra qz tetragonus tanqz inuidia quadam detrahit
Oppositio vero odio grauissimo ledit. Directe orientia dicunt que in re-
ctu extenta oriunt:suntqz a principio cancri vsqz ad finem sagittarij Oblique
orientia dicunt que torte recurua oriunt suntqz recurua capricorni vsqz ad
finem geminorz. vnde illa quidem plus.30. gradib? z plus horis duabus hec
minus oriunt. His accidit qz ea que oblique oriunt obediut quodammodo
proportionalibus sibi directe orientibus dumtaxat amico respectu fruant
vt gemini libre z leoni. thaur?cancro z virgini ac deinceps in huc modu.

De signis natura cogruis atqz distantia virtute z via:

Einde suntqz alie que signorz cognatioes trinario distin-
cte. Prima quidem est equa signorz vtruqz a medio celi
circulo quem circulu signorz dicunt distantia. Pariterqz
ortus equalitas vt alter vtriusqz finis alterius principio
mediumqz medio equaliter oriat qualis est ariet? cogna
tio cum piscibus thauri cu aquario sicqz per ordine a pu-
ctis equinoctialib?. Secuda est pars binorz virt?qz per-
se almukaurat. Ea vo sut quorz iter alterutri?finis alteri? pricipio mediuqz
medio equales. Qualis est cognatio geminorz cu cancro thauri cum leone

ficꝗ per ordinē a punctis folſticialibꝰ. Tercia eſt ſignoꝛ cū eodē dño ſocie
tas qualis eſt arietis ꜩ ſcoꝛpionis tauri ꜩ libꝛe cancri ꜩ leonis atꝗ in hunc
modum.

De ſignis oppoſitione ꜩ exagono cōuenientibꝰ tetragono.

X his accidit vt licet interdū oꝛtus occaſione quadam oppo
nant quedā i exagonū incidāt que nequaꝗ ſeſe reſpiciūt nec
tñ hec oppoſitio noceat ꜩ hic exagonꝰ pſit. Circa huiuſmodi
oppoſitionē ſunt ex pꝛima cognatione:gemini:capꝛicoꝛnꝰ:cā
cer ꜩ ſagittarius. Ex ſcda aries ꜩ virgo:libꝛa ꜩ piſces. Ex ter/
cia aries ꜩ ſcoꝛpiꝰ. taurus ꜩ libꝛa. Circa huiuſmodi exagonū
ſunt ex pꝛ ima cognatione aries ꜩ piſces:virgo ꜩ libꝛa. Ex ſecunda gemini
ꜩ canc er: capꝛicoꝛnꝰꜩ ſagittariꝰ. Ex tercia capꝛicoꝛnꝰꜩ♒♋♌♉hunc ꜩ
illud abij ciendū q̃ tetragonus qui in huiuſmodi cognationes incidit mi/
nus noxiu s repit. In quo tetragono ſunt ex pꝛima cognatione taurꝰꜩ aq̃
rius:leo ꜩ ſcoꝛpiꝰ. Ex ſecunda ♈ ꜩ♋♎ꜩ♄. Ex tercia gemini ꜩ virgo ♓
ꜩpiſcium.

De ſignoꝛ annis menſibus diebus ꜩ hoꝛis.

Einceps ſignoꝛ annos menſes dies hoꝛaſꝗ oꝛdinabimus.
Quoꝛ numerus duobus modis reperit. Pꝛimo quidez vt p
ſingulos per oꝛiētia climatū ſinguli anni computent per qui
na puncta ſinguli menſes atꝗ in hunc modum dies ꜩ hoꝛe.
Secūdo vt vniculꝗ ſignoꝛ minoꝛes anni ꜩ menſes eius dñi
annumerent. Dies aūt ꜩ hoꝛe duobꝰ modis reperiunt. Pꝛi/
mo quidē vt minoꝛes anni eius dñi per. 12. multiplicent ſuntꝗ menſes qui
bus duplicatis adijciet numerus eoꝛūde annoꝛ. Tota ergo ſūma p. 10. di
uiſa quot colligunt dies ſunt ſi quid minus. 10. ſupſtes fuerit pariꝗ eſt diei
Di ſunt ergo dies ꜩ hoꝛe eius ſigni. Secūdo modo vt minoꝛibꝰ eius ſtelle
annis i n menſes ſolutis in pꝛimis dimidiū auferat. Deinde reliquo nume
ru s eoꝛūdem annoꝛ detrahat. Reſiduū ergo p. 24. diuiſum dies reddit.
Siquidē min̄ſupfuerit hoꝛe ſunt his itaꝗ modis ſignoꝛ anni meſes dies
ꜩ hoꝛe inuenti p ſingula ſigna cōputant.

Aries	15	37	12	103	100	20
Taurus	8	20	100	1	16	100
Gemini	20	1	100	4	100	15
Cancer	25	62	12	5	5	100
Leo	19	67	12	3	24	100
Virgo	20	50	100	103	100	15

Libra	8	20	100	101	16	100
Scorpius	15	37	12	3	100	20
Sagittarius	12	30	100	2	12	100
Capricornus	30	65	12	5	15	100
Aquarius	30	75	100	106	6	100
Pisces	12	30	100	102	12	100

De signoꝝ ductu super diuersas terras.

Rbem terrarū geographi noſtri bipartito diſcriminat aſiam
equidē ab oꝛtu ſolis inter vtrūcꝫ occeanū occidentez verſus
vſcꝫ ad mediterraneū mare deducūt:hic europam ⁊ affricaꝫ
oꝛdiētes:europam equidē inter mare mediterraneū ⁊ occea
nū boꝛealem ſub occaſu gaditanis inſulis terminant auſtra
lem ſub occaſu achlantis monte includunt.Aſie partes ge
nerali diuiſione. 15.numerant:in india:parthia:meſopothania:ſyri:poſt hec
penthapolis maioꝛ:egyptus:ſoꝛes:bactera:ſithia minoꝛ:hircania:albania
armenia:vtracꝫ capadocia:hibernia poſtremo minoꝛ aſia. Quarū ſpeda
les diuiſiones indie quidem pars oꝛientalis ethiopia:parthie. 5.tigrie:ara
tuſia:aſſiria:media:perſea:meſopotamie. 3.babilonia:chaldea:arabica:
Cuius partes due nabathea ⁊ ſaban. Sirie tres comagena ſeniicea.
Cuius partes due tiria ⁊ ſindonia deinde paleſtina. Cuiꝰ partes.4. iudea
ſamarea:galilea:philiſtina.Minoꝛis aſie. 10.bithinia vel migdonia:ga
lacia:frigia:liccionia:karialidia vel meonia:panfilia:hiſanria:cilicia:licia.
Europe partes generalis diuiſionis.x.ſcithia maioꝛ:Bermania cum mi
ſia:tracia:grecia:pannonia:hiſtria:italia:gallia:hiſpania: harū ſubdiuiſio
nes ſithie quidē.iij.alania:dacia:gothia:germanie due almania ⁊ theuto
nica:tracie.2.noꝛica ⁊ rethica:grecie.4.dalmacia:epirꝰ:illiria ut dardania
anica cuiꝰ partes due boethia ⁊ polopenſis : deinde theſſalia cuiꝰdue par
tes pieria ⁊ archadia:deinde macedonia:achaia:lacedemonia:hiſtrie treſ
partes maritinia ⁊ montona:in medio patria noſtra carinthia. Italie.4.
tuſcia:eruria:apulia:campania:Ballia. 3.belgica:rethia:aquitania.Aſ
frice ptes.7.mioꝛ libia:pitacuū ubꝫengis:carthago:numidia:getulia: mau
ritania occidentaliſethiopia Minoꝛis lible tres partes:ſirenenſis:penta
polis ⁊ tripolis.Mauritanie due ſinſenſis ⁊ tingertina. Inter has oēs cir
citer diuerſe alie nationes ſparſim per oꝛbem manſitat : vt ſunt iecioſagi :
pangiſt:barbari:trogodice:ſchlaui:wandali:ſcoti: bꝛitones:aliecꝫ id genꝰ
diuiſa per mediū loca vt inſulas montana:paluſtria harenas.hiſcꝫ ſimilia
habitantes harum igif omniū innumere alie ſub diuiſiones ſunt ſuiſcꝫ na
tionibus determinare ac lingue ſue vocabulis diſcrete.Omnibus eniꝫ his

per diuersas linguas diuersa sunt vocabula. Quapropter ex arabicis no／
minibus eas latinis appellationibus aptare impossibile est nisi determina
tione primum cognitas. Maxime cum nec ordine aliquo sed sparsis qui／
busdam comentis hic demōstrat. Nec enim vt albumasar aut nullus ali⁹
nisi sparsim ⁊ nominatim tantum eas inter signorum dominia distribuit.
Quapropter nos hic premisimus vt ex noibus ⁊ situs atqȝ loca cognoscan
tur ac si minus adaptare possimus studiosus quislibet ⁊ hec am plectens p
discendi viam habeat.

De signis ad motū ⁊ quietē ducentibus.

st igiꝛ arietis de regionib⁹ quidē per／
sea medea philistina de culturis vero
prata pascua fabrice furtu pristine in
quilines terme edifici quoqȝ lignis te／
cta.
¶Thauri mauritania atqȝ hemedat.
Deinde montane summaruꝛ
spelunce. Post hec campi parum humecti atqȝ ager
pascuus colles hortalicia nemora atqȝ loca boum ⁊
elephantum.
¶Seminorum armenia ma／
ior comedia cum hiberia : et
albania capadocia atqȝ nin／
gen cum menchitiaprouincia ac ciuitatis barca·de
inde montes ⁊ deserta saltus quoqȝ venationum ⁊
amphiteatra.

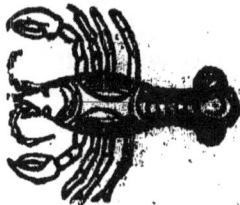

¶Cancri mioꝛ armedia atqȝ
numedia comicat autem iꝫ aracusia ⁊ sithia sicqȝ in
media atqȝ albumasar ait beledene balac : deinde
lucus stagna paludes littora ripe virgulta.

Leonis parthi parſcp meſopotamie deinde valles
cum rippis amnibuſ metalloꝛcp loca. Tum regia pa
latia atcp oppida inuicta coclee quocp ꝛ ſatum cum
celſis ꝛ ſpeluncis.

℘ Uirginis iudea ꝛ gallilea
cum confinio eufratis atcp in
ſula quadam perſie. Deinde
omnia ſata genezea texternes cantoꝛ numoꝛum et
muſicoꝛ manſiones.

℘ Libre roma cū grecia iſtria
ꝛ italia. Indecp vſcp ad affri
cam ꝛ meſim: inde ꝛ barckan keremen atcp balach
demde pedes montiū culti locacp pomifera foꝛiſce
na locacp venationū aſturcoꝛ ꝛ inſidiarum.

℘ Scoꝛpionis aſſiria nobo
thea tingis deinde vineta mo
reta hiſcp ſimilia poſt hec loca fetida carceres do
mus planctus ꝛ luctuū cum cauernis ſcoꝛpionū.

℘ Sagittarij hiſplen omeſcp
agri allumꝰ poſt hec loca elie
baelhei beida ꝛ ramrāia atcp
loca ꝑteriti tempoꝛis plene petre boumcp loca ꝛ cur
ruum.

℘ Lapꝛicoꝛni ethiopia oꝛien
talis tingria cum media eius
maris: mariacp duo ad indiā ꝛ ethiopiā cum oꝛien
talibus italie ꝛ grecie partibus: deinde caſtra cū poꝛ
tis atcp vbi rigat cum poꝛtis aquā rigentibus ꝛ lacu
nis aquā recipientibus cū qua naues applicant. Tū
loca canū vulpiū ꝛ ferarū ꝛ ſerpentū tum hoſpitalia
pegrinoꝛ paupeꝛ ꝛ ſeruoꝛ poſtremo lares ꝛ ignitabula.

℘ Aquarij nigelloꝛ turcoꝛcp regio verſuſ montes ꝛ
alkufam: egyptus cū ethiopia occidētali. Deinde lo
ca influa cū fluuijs ꝛ canalibꝰ puteis ꝛ pelago atcp ſa
lo loca altiliū vinee cuꝛ cupis
metretis ciſtis ꝛ tabernis.

℘ Piſciū india ꝛ mare rubꝛū
inſule italie ꝛ grecie verſus ſi
riā cuꝛ alexandꝛia deinde maritima lacus ꝛ ſtagna
cum ſuis littoꝛibus atcp piſcibus tum anguloꝛuꝛ ha
bitacula cum templis pulpitis ꝛ cenobijs

Einde figna que inter motū ⁊ quietez diftinguenda:ad motū
quippe ducunt quotiens dños fuos hofpitantur ♈ ♉ ♊:ad
quietem vero ♋ ♌ ♍ quotiens dñis occupantur:fic ♎ ♏ ♐
ad motum reliqua ad quietem.

⊂De fignis rationabilibus.

Oft hec et ea que ad hominum fpeciem ducunt. Sunt autez
♊ ♍ ♎ ♒ primaꝗ medietas ♐. Quorū eiufmodi ordo ꝗ
♊ fumatibus ♍ ⁊ ♎ cum medio ♐ mediocribus:♒ vulgo
Eft autem ⁊ aliter hoim genus inter figna difcretū. primoꝗ
nanꝗ gradui preeft igneus trigonus:fcdo aerius ⁊ deinceps
per ordinem.

⊂De fignorum dominijs in partitione corporis.

Unc ipfum hominis corpus inter fignoꝝ dñia diftinguendū
habet de corpore hominis. ⊂♈ caput cū facie atꝗ oculoꝝ
facie pariter ⁊ eorum accidentia cum accidentibus aurium ⁊
oculoꝝ.⊂♉ collū⁊ guttur cum fuis accidētibus cuius
funt glandule ⁊ fiftule:dorfi gibbuf oculoꝝ dolor atꝗ polipⁱ
cū oris fetore. ⊂♊ funt fcapuli humeri cū brachijs ⁊ lacertⁱ
⁊ manibⁱ eorūꝗ occafiones. ⊂♋ pectus pulmo yfophaguf fplen cū collis
oculoꝝ macule ⁊ obtalmie:ac quicquid pectora intrinfecus ledit.⊂♌ os
ftomachi fuplus qd noftri dicunt cor epar nerui lacerti offa dorfum eoꝛ̄ꝗ
accidentia.⊂♍ venter cum inteftinis ⁊ lien vfꝗ ad podicē eorumꝗ incō/
moditates.⊂♎ femora ⁊ ab vmblico deinceps vfꝗ ad clunem cū lumbis
⁊ renibus ⁊ renunculis eorumꝗ accidentibus.⊂♏ clunis inguē medulla
fpina cum podice ⁊ veftca fimul ⁊ accidentia eorum vt feceffus difficultas:
qualis eft yleos tenafmus ftranguiria tum emorroides: calculⁱ apoftema
cancer ⁊ argenia.⊂♐ coxe:deinde macule membrorūꝗ fuperfluitas tum
⁊ offium lefio:fectio cafus inpreceps ferarum ⁊ ferpentum morfus aut lefio
quelibet.⊂♑ genua cum fuis neruis tum oculorum lippitudo.⊂♒ crura
vfꝗ ad talos: deinde venarum impedimāta ictericia quoꝗ ac melancolie
incōmoditas. ⊂♓ pedes cum fuis neruis tum neruoꝝ impedimenta po/
dogra ⁊ tumor.

⊂De fignis ad forme dignitatem ad largiſtem ducentibus ad coniuncti
onis complementum.

Einceps et ea diftinguenda que tam animi ꝗ corporis ꝗ et
extrinfecus accidentia cōmoda atꝗ incōmoda quedam de-
fignant. Sunt enim que ad forme dignitatez ⁊ decorē ducūt
Quotiens autē ipfa nafcentibus oriuntur: aut orientis dñm
hofpitantur fiue ☽ vel almutez aleatale qui eft dux principal'
Sunt aūt ♊ ♍ ♎ ♏ ♐ ⁊ ♓ eadem queꝗ ad beniuolentiaz

g

mansuetudinem et amplitudiné animi ducunt . Ea vero que conferant et
complent ♈ trigonus. Itaꝗ figna consumptiua quotiens nascentibus in
circulo aduerse locata pariter ꞇ infortunijs impediunt prodigos ꞇ pfusos
pariunt:ac forsan omni fortuna ꞇ questu phibent.Que si familiariter con∕
stiterint fortunatis ad vite questus impendunt: ꞇ immoderatos sumptos
castigant.Ea vero que abundátia ministrant que ꞇ loci cómoditate ꞇ for∕
tunatis beantur opum abundantiaꝛ ferunt.infortunijs cum loco aduerso
corrupta opes noxe causas portendunt. Nam ea que tollunt fortunam ac
cumulant corrupta.⁋Sunt alia que gule ꞇ luxus vicia minantur vt ♈ ♉
♌ꞇ ♑ ꞇ ♓.Nam ♎ ꞇ ♐ modice preter hec sunt ꞇ gradus per figna stellaꝛ
pmixtionem inuenientes que in genesia discernitur ⁋Alia mulierü formá
ꞇ habitum discriminant.ad forme quippe dignitatem habitüꝗ honestum
♉ ♌ ♏ ꞇ ꞅ.Contra ♍ ♈ ♋ ♎ ♑ bipartita medium obtinent. ⁋Alia
multe prolis vt ♋ ♏ ♓ ♐ ꝗ medietas.Ab vero ♈ ꞇ ♎ plerüꝗ gemellos
gerunt nonnunꝗ bifermes siue bicolores siue bicipites aut androgenas.
Pauce vero prolis ♈ ♉ ♎ ♐ ꞅ.Prorsus sterilia ♊ ♌ ♍ primumꝗ ♉
⁋Alia membris sectis multeꝗ ꞇ acuminis. Sectis quidé membris ♈ ♉
♌ ♓.Multe vero ire ꞇ acuminis ♈ ♌ ♏.⁋ Alia que vocü moderamia
discriminant.Sunt eni alte vocis ♊ ♍ ♎.Mediocris ♈ ♉ ♌ ♐.Basse
♑ ꞅ.Sine voce ♋ trigonus.In eis eni si ☿ corrupt⁹ extiterit nati voceꝛ
ꞇ auditum debilitat ac mutum ꞇ surdum relinquit.⁋Alia ac corporis incó
moditates ducunt apostemata:maculas:scabiem:ꞇ squaloré:simul ꞇ vocé
atꝗ auditum negantia.Sunt autem oíno quinꝗ ♈ ♋ ♏ ♑ ♓ quotiens
nascentibus aut ☽ gerunt aut partem fortune siue partem algaibꝛ .i. oim
intrinseci . ⁋Süt quedá p. figna determinata loca que oculoꝛ vicia parát
Primus inter pliades in ♉ :secundus nubecule locus in ♋: duo inter stel
las ♏ :quintus sagitte locus in ♑ :sextus ad spinam ♑ : septim⁹ apud ansá
in sagino preter hec nonnunꝗ et ♌ cum ♎ visui nociuus. ⁋Locus in ♉
gradibus.13.punctis.36.vsꝗ ad gradus.14.puncta.30.latitudine septen
trionali a.3.gradibus vsꝗ ad.15.⁋Locus in ♋ in gradu.21.puncto.8.la
titudine septentrionali púctoꝛ.42.⁋In ♏ alter in.20.gradu alter in.21.
puncto.10.latitudine septentrionali graduum.6.⁋Locus in ♐ in gradu
15.puncto.20.latitudine australi graduum.6.punctoꝛ.20.⁋Locus in ♑
in gradu.22.latitudine septentrionali graduum.39.punctorum.15.Circa
ansam in ♒ stelle quatuoꝛ gradibus.20.punctis.10.vsꝗ ad gradus.24.
puncta.20.Sciendum igitur hos quidem gradus ꞇ puncta horum locoꝛ
extitisse in diebus Albumazar vt ipse asserit.i.alexandrini anno.♏.100.
Hoc vero nostro tempore id est anno incarnationis domini.1140.trinis
gradibus minus senis punctis lege itineris sui promotos preter hec sunt ꞇ
alia per figna et gradus oculorum corruptiua que locis suis exponemus.

Alia ad animi vicia trahunt:quales sunt dolus:sunt doli anxia: negcia:
atrocitas:violentia ad ferocitatem dolos nequiciam ypocrisim ♌ ♐ ♑ ♓
ad anxiam ♏ ♑:intus est ♍ ɾ ♎ mediocria. Alia volatilium quadru/
pedum et reptilium genera discriminant. Nam ♍ ♎ ♐ ♓ sunt volatilia
cōi ac tercij decani de ♑. Illic enim est aquila cum cauda galline:quorū
a discretio cp ♑ volucres:♓ altilia:♈ ♉ ♌ secundecp medietatis ♐:pri
necp medietatis ♑ quadrupedia:quorum ea discretio cp ♈ ɾ ♉ quadru/
pedia cum vngulis:♌ cuz vnguibꝰ:secunde medietatis ♐ cū calce:deinde
♌ ♏ ♑ reptilia:atcp de his ♏ vermes. Nam aquea signa aquaticiſ ꝑſunt
quorum ♋ et ♏ cocleis atcp reptilibus. Alia arborum germinarumcp
genera. Nam ♊ ♌ ♎ ♒ procɛres arbores:humiles et arbusta ♋ ♏ pri
necp ♓. Germina ♉ trigonus alit. ♉ quidē insitiones:♍ Sata:♑ olera
Alia aquas atcp res ignitas. ♋ siquidē aque pluuiales. ♏ ɾ♒fluenta
♓ stagna. Omnia ignita ♈ ɾ ♌ ♏ ♒. Ducum signorum plagas discer
nere conuenit. Igneus quidez trigonus orientis:vnde ♈ coɾ orientis: ♌
ad sinistram:♐ ad dextram. Quamobrem ♈ subsolanus: ♌ eurus:♐ vul
turnus:Terre trigonus meridianꝰ: vnde ♑ coɾ meridiei:♉ ad sinistram:
♍ ad dextram. Qua de causa ♑ quidem austri ♉ notus:♍ affricus au/
tralis. Aereus occidentalis:vnde ♎ coɾ occidentis:♊ dextrum:♒ sini
truz. Quapropter ♎ fauan ius:♒zephirus. Germinorū chorus. Aqueꝰ
septentrionalis:vnde ♋ coɾ septentrionis:♓ dextrum:♏ sinistrū:ergo ♋
boreas:♏ circinus:♓ aquilo.

De signis ad morbos eorumcp occasiones ducentibus.

Uoniam naturales signoɾ ducatus prout opus erat executi
sumus:ɔsequens est vt accidentales eoɾū ducatus deinceps
inuestigemus. Ex quibus primum occurrit quaterni circuli
partitio:tum duodena domiciliorū series. Cum enim circulꝰ
supremuſ mundū ab oriente per occidentem ꝑpetuo ambiat
singulos dies reliquos omnes infra ɔtētos integro circuitu
reducit. Unde singulꝑhoris singula signa per diuersas terrarū partes oriri
simulcp occidere alijs celi alijs terre cardinem figere necesse est. Inter que
circuli quadrātes designant singuli trinis intersticijs domicilia nuncupat
ſubdiuisi:vt annus quadripartitus ipsacp signa. 12. erant. Sunt itacp duo
a cardine terre ɋdɾantes vscp ad. 10. masculi accedentes orientales:dextri
duo reliqui femine recedentes sinistri occidentales:nōnullis visum super
terraneum emisperium dextrum esse:subterraneum sinistrum:siccp eosdez
quadrantes per quatuoɾ mundi partes ordināt. De his quadrantibꝰ ꝑme
partes dicuntur cardines:secunde succedentes:tercie remote.propterea cp

g 2

pzíne rem firmant:secunde pzomittunt:tercie negant. Quorú nomina nu-
meralia per ozdinem sumpta. Pzimum est oziens:qð sequitur secundum:
deinde tercium sicq; per ozdinem vsq; ad. 12. Singula secundo loco a pzo
pzijs effectibus cognominata.

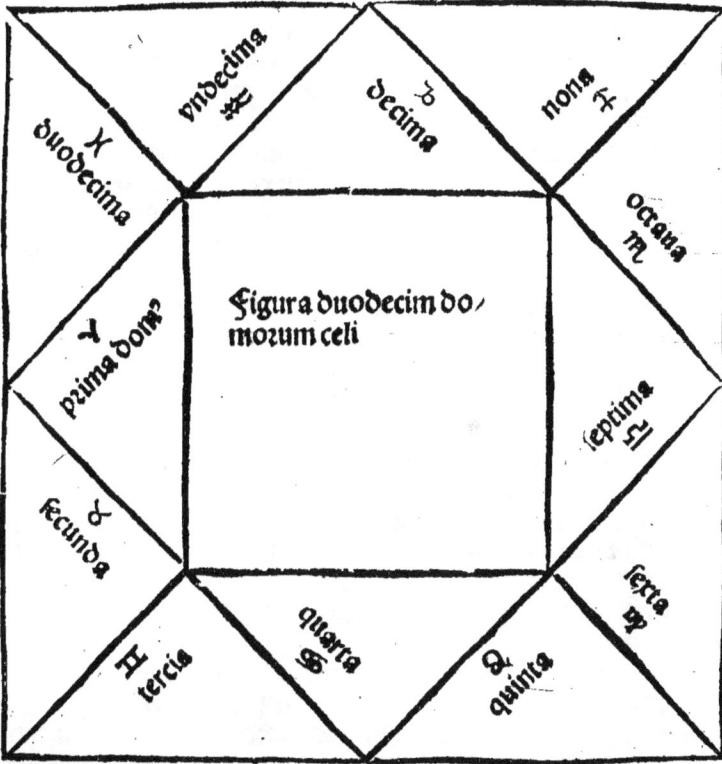

Figura duodecim do-
morum celi

Reest igitur oziens vite cozpozi animo oimq; rerum ozigini
z motui. (Secunduz est domicilium substantie ad questus
lucra possessiones mutua dandi z accipiendi officia ducens
(Terciuz ad fratres z sozozes:ppinquos z cognatos spectat
confilij legum iudicis controuersiarum z disputationum: vie
quoq; mandatoz z nunciozum somnioz z motuú particeps

⟨Quarti funt patres parentes gen⁹ radix aquofitas campi ager ciuitates castra edificia res quoqʒ occulte τ abſcōdite loca ſubterranea theſauri rex finis.i.moʒtis moʒtuiqʒ reliquiarum ac ſerpentiū τ eoʒum que ingeſtione dicuntur tripliciſqʒ aminiſtrationis particeps vt ſunt effoſſio combuſtio ex poliatio ceteraqʒ id genus. ⟨Quintū domicilium pʒolis cuius ſunt p̄terea pʒocilene dona voluptates τ delicie atqʒ fruct⁹ honoʒes amicicie τ ſpei par ticeps.⟨Sexti ſunt egritudines eoʒumqʒ occaſiōes ſtatus et habitudines ſerui ancille nequicia iniuſticia ipſumqʒ motus local particeps.⟨Septimi ſunt mulieres ſponſalicia paranimphi atqʒ controuerſie pticipaſiones op/ poſitiones reſpect⁹ atqʒ omne quod queritur yt fures fugitiui reſqʒ perdite locus τ perſona quo iter inſtruitur.⟨Octauū moʒtis moʒtem venena moʒ tifera metus omneqʒ perditum τ irrecuperabile hereditates quoqʒ ocia pi griciam deſidiam fraudulentiam inertiam vecoʒdiam deſperationeʒ atqʒ iracundiā deſignās.⟨None ſunt longe vie exilia deinde honeſtaſ iuſticia veritas temperantia pʒudentia obſeruātia religio leges templa ceremonie philpſophia theologia cetereqʒ ſcientie diuinationes ſcripſe inuicia viſſōes atqʒ res neceſſe,⟨Decimi ſunt dignitates regna pʒincipatus dominia po/ teſtates iudices eloquentia voces artificia opera matres conuentus cum regibus.⟨Undecimi fortune ſpes amicicia gratia facultates τ aminicula reguāqʒ clientela τ reditus.⟨Duodecimi ſunt inimici laboʒ meroʒ anguſtia pene inuidia detractio fraus dolus ypocriſis carceres captiui caſus degra datio ignomia perditio:poſtremo iumenta τ beſtie. ʼꝹec igitur noſa haſqʒ pʒopʒietates domicilioʒum artis ſcriptoʒes ex ſtellarum circuloʒuʒ oʒdine natura τ pʒopʒietatibus recte mutuari videntur. ⟨Recte ſiquideʒ oʒienti rerum oʒigo τ vita comendatur pʒopterea ꝗ e tenebʒis in lucem pʒodiens ⟨Pʒimum omniū h̄ aſſimilatur ꝙ ſūmus omnium ſimiliter tanqʒ in luceʒ inciꝓiens vite noſtre deſuper aduenientis pʒimos conceptus incipit totius vite ſpacium expectans.Ut enim ea que gignūtur de abſcondito erūpūt ſic oʒiens de inferioʒum in ſuperius emiſperium emergit. ⟨♃ in oʒdine ſe cundus cuius vt gemine fortune quoniā ſunt opes viteqʒ ſuſtentatio quoʒ neceſſitas genituraʒ pʒoximo ſequitur loco:ſecundū poſt oʒiens ſubſtantie domicilium conſtitutum eſt. ⟨♂ auteʒ tercius pʒout h̄ cognatione fratrū τ cognatoʒum ducatus obtinuerat iuxta oʒdinem τ tercium vt eiſdem per fectum erat fratruʒ domicilium extitit.⟨☉ vero cum menſtruo coitu in ☽ moʒe maſculi in feminam agens actum generationum cauſa exiſtat patʒ vicem gerit.Quoniam ergo ab oʒiente quartū oʒdinis lege eoſdem ducat⁹ exigebat domus parentum dicta eſt. ⟨♀ autem in parteʒ fortune poſt ♃ pʒoxima cunqʒ poſt vite neceſſaria que ♃ ſunt pʒoxima in mundo hom iniſ foʒtuna ſit voluptas coitus pʒoles τ gaudia huiuſcemodi ducatus rerum obtinuerit.igitur τ quantum eiuſdeʒ ducatus eſſe oʒdo exigebat. ex q̄uib⁹ quoniam proles excellentius est seu q̃ ceteroꝛ conuentu editur domiciliũ appellatum est. ¶ Sextus ♀ quoniam vt angustioꝛis circuli ac ☉ propin/ quioꝛ sepius retrogradatur crebꝛius aduritur egritudinum imbecillitatis: idq̃ genus incõmoditatum ducatus soꝛtitur vt crebꝛo itu ꝛ reditu laboꝛis etiam ꝛ seruitutis officium gerat . Eodem igitur vt oꝛdo cogebat ꝛ sextum spectans egritudinis quod grauius erat nomẽ obtinuit. ¶ Septima est ☽ cum in coniunctione ex ☉ moꝛe femine concipiens:in oppositiõe tanq̃ ma turos partus edat vꝛoꝛ ꝛ oppositionis:idq̃ genus ducatum excepit que cũ ꝛ septimo series iniungeret vꝛoꝛis nomine appellat̃ . ¶ Jtẽ iterato oꝛdine ad ♄ reditu facto quoniam natura eius moꝛtifera quam moꝛs doloꝛ an. gustie sequuntur. Octauum autem in occasum tendens in idem officium Oꝛdo cogebat iure moꝛtis nomẽ vendicauit. ¶ At cũ gemine sint omnino foꝛtune altera scz presentis altera consequentis multaq̃ satioꝛ illa ♃ etiam q̃ ♀ foꝛtuna maioꝛ. ♀ quidem huius seculi illius ♃ beatitudinẽ designare debuit: que quoniam longinque vite est nec nisi lege pꝛudentia iusticia foꝛ titudine temperantia ac celestium speculatione consequenda vt ♃ hoꝛum oĩ:sic ꝛ nonum ducatus obtinuit vnde iure vocabulũ duxit. ¶ Decimum regnis dicatũ est ad ♂ redeundo cuius sunt vires militie potẽtia seueritas bella cum nece. ¶ Undecimum foꝛtune ad sũmam mundi foꝛtunã rediẽs ¶ Duodecimuꝫ inimicoꝛuꝫ quoniam ab oꝛiente remotum quidem oꝛiens firmat inficiatur q̃ que ♀ foꝛtunam animi passiones consequi solent. ♀ re diens ad oꝛiens qui quoniam vt oꝛientis est genitura vita ꝛ metus:sic ♀ ꝛ anima rationalis est a pꝛima varij discursus. ♀ in oꝛiente gaudet nihil sui extra se querẽs . ☽ in tercio quoꝛ tercia via ☽ viatoꝛes. ♀ i quito vt vtrũq̃ ♀ gaudet delicijs. ♂ in sexto vt ambo passiones maluᷓt. ☉ in nono vt virt⁹ que est veritas ꝛ diuinitatis cõtemplatio. ♃ in vndecimo vt ambo foꝛtunã gerunt. ♄ in duodecimo quoꝛum extremi laboꝛesq̃ pene.

Uaterna est alia circuli quadꝛantium designatione quadaꝫ diuina. Oꝛientalis eque quadꝛans vt e tenebꝛis in luceꝫ pdit aiatus incoꝛpoꝛeus est Secundus cuius itinera sunt ꝛ moꝛs inanimatus incoꝛpoꝛeus. Tercius vt e luce in tenebꝛas disce dit coꝛpoꝛeus inanimatus. Quartus secundo oppositus ani matus coꝛpoꝛeus.

St ꝛ alie signoꝛum nature quedam permixtio Signoꝛum enim series quatuoꝛ elementoꝛũ naturas partiatur aqueũ igneum aereum terreumue: solum oꝛiens naturã nati sin/ gulariter videt sed cõmunio plurium conficiat. Et cum ♈ igneum nati fuerit oꝛiens ♎ aereum oppositum. ♉ terreũ ♋ aquaticum quatuoꝛ cardines obtinentia: nature com/ plexiones conficiunt.

St ꝫ color per circuli quadꝛātis diſcretio. Nam inter oꝛiens
ac terre cardinem color rubeus:hinc ad ſeptimū niger:inde
ad decimū viridis:quartus eſt albꝰ. ꝙ Pꝛeterea ꝫ inter ipſa
domicilia coloꝛū quedam eſt varietas. Eſt enim oꝛiens ipm
coloꝛis ſubalbidi quez griſeum dicunt. Gemina extrinſecus
viridis:tercium ꝫ vndecimuz glauci : cardines rubei:quintū
ꝫ nonum albi:ſextum ꝫ octtauum nigri:ſeptimum obſcuri.

St ꝫ quantitatum per circuli quadꝛantis dimenſio. Nam ab
oꝛiente vſꝗ ad oppoſitum bꝛeuitatis a ſeptem vſꝗ ad oꝛiens
longitudiniſmenſura ſumitur. Pꝛeterea duo quadꝛantes ab
imo per oꝛiens vſꝗ ad ſūmum aſcendentes ꝫ augmentantes
duo reliqui contra.

Unc exponendum videtur vt quaternariſ numero ꝙpluriuz
rerum partitiones nature ſeriem ſequunt. Quatuoꝛ ſunt mōi
plage ventoꝛum acies:anni tempoꝛa ſignoꝛ circuliꝗ partes
omnes complexiones etates diei noctiſꝗ quadꝛantes . E
quibus pꝛima oꝛiens ſubſolanus cū vtroꝗ ſocio. Ucr ab oꝛi
ente ad ♋ ab oꝛiente ad ſūmum ſignis adoleſcentia pꝛimus
diei noctiſꝗ quadꝛās. Secunda meridies auſter cum geminis complicibꝰ
Eſtas a ♋ ad ♎ a ſūmo ad occidens colera iuuentus:ſecundus vtriuſꝗ
quadꝛans. Tercia occidens fauonius cum ſociis. Autumnus a ♎ ad ♑
a ſeptimo ad quartum melancolis vtrūꝗꝫ ſtatus:tercius vtriuſꝗ quadꝛās
Quarta ſeptentrio boꝛeas cum fratribus hyems a ♑ ad ♈. A quarto ad
oꝛiens regina ſenium:quartus die noctiſꝗ quadꝛans.

ꝙ De quadꝛantibus diei ꝫ hoꝛarum.

Emum celeſtis conuerſationis quadꝛantium ꝫ hoꝛarum
exponenda. Due ſunt enim mundane lucis conuerſiones
nocturna atꝗ diuturna quaruz altera pars alterius. Eſt
aūt ꝫ tocius accidentia partibus accidere. Ut ergo qua
dꝛipartitus eſt annus ſic ꝫ diem ſic ꝫ noctem totius muta
tione ꝗterna mundi natuꝛa diſcriminant. Singulas aūt
anni partitiones trina interualla ſubdiſtinguūt pꝛincipiū
medium finis:que quater ſumpta duodecim anni menſes conficiunt. Sic
igitur diei noctiſꝗ quadꝛantiū terna ſpacia duodecim hoꝛas diei totidéꝗ
noctis hoꝛas complét: fiuntꝗ ſimul omnes vigintiquatuoꝛ. itaꝗ tam diei
ꝙ noctis vt ver aereus nature ſanguinee: ſecundus eſtiue nature: tercius
autumnalis:quartus frigidus ꝫ humidus.

Estat vt dierum atꝙ horaru̅ dn̅os ordinemus. Vt enim ani
tempo ra quadrantium circuli temporu̅ꝙ duodene subdiui
siones duodecim circuli partium erant: sic dies eorumꝙ sub
diuise partes quas horas dn̅is stellarum dominij esse con
ueniebant. Vnde vt septe̅ erant stelle circulu̅ percurrentes:
sic anni dierum numerus per earum ordinem reuertens per
septimanas diuisus est. In gemino ergo stellarum atꝙ dieru̅ ordine vt
inter dies ab eo rectissime exordium sumitur: quem primu̅ nascentis seculi
diem indorum ⁊ persarum memor antiquitas docet: sic inter stellas ab ea
cuius auctoritati diei minus iniunctum erat rectissime exordium sumptu̅
videtur. Sic ergo septem diebus ebdomade inter septe̅ stellas distributis
queꝙ sui diei prime hore singulariter dominat ceteris persequentium nu
merum imparticipant assumentes partes quotiens ad prime dn̅m reditur
ordine vt prima feria quam vulgus dominicum vocant diem: primaꝙ eius
hora singulariter ☉ est: secunda comunior ♀ : tercia ☿ : quarta ☽ : quinta
♄ : sexta ♃ : septia ♂ : octaua ☉ sicꝙ deinceps vt transnumeratis. 12. horis
sequente̅ diem ☽ : tercium ♂ accipiat: atꝙ in hac prima diei hora ad ortu̅
☉ incepta noctis ad occasum. Quod romani intelligentes singulos dies a
dominis cognominauerunt: que nomina latina lingua ppaucis comutat
hodie vsꝙ seruat.

⸿ Incipit liber septimus.

Eptimi̅ libri capitula noue̅. ⸿ Primum de proprietatib'
stellarum ⁊ habitu substantiali. ⸿ Secundu̅ de affectione
earum a ☉ . ⸿ Tercium demonstratus earu̅ per ⸭dorantes
circuli ac domicilia pariter ⁊ quantitate corporu̅ stellariu̅
⸿ Quartum de constellationibus ac constructionib' qua
litatu̅ stellariu̅ simul ⅌ que fortior ⅌ debilior. ⸿ Quintu̅
de respectuu̅ stellarum applicatione ⁊ separatio̅e ce erisꝙ
id genus habitudinib'. ⸿ Sextum de fortuna stellarum fortitudine ⁊ de
bilitate atꝙ infortunio cum ⁊ corruptionibus ☽ . ⸿ Septimu̅ in extrahen
dis stellarum radijs iuxta ptholomeum. ⸿ Octauum de annis firdariech
stellarum simul ⁊ damnis earum maioribus medijs ⁊ minoribus. ⸿ Nonu̅
de naturis stellarum septem ⁊ proprietatibus ducatuum per vniuersa reru̅
genera.

⸿ De proprietatibus stellarum ⁊ habitu substantiali.

Uemdamodū inter inicia sexti libri dispositū est cum ea particio vniuersales signoꝝ ducatus cōtineat: huius voluminis series vniuersos stellaꝝ ducatus ordine prosequeꝫ. Cum eni in predictis nature stellarū ac substantialiū quantitatū differētie expofite sint: ꝥsequens erat diuersas earū habitudines ad diuersos rerum habitus ꜩ accidentia ducentes inuestigari. Suntꝙ itaꝙ diuerse siue cuiusꝙ proprie ac substātiales habitudines ad ascensus in circulis suis vel descensus vel medium inter vtrūꝙ cum motus ac luminis augmentū siue detrimentū aut medium inter vtrūꝙ : tum septē trionalis tum australis ascensus siue descensus. Deinde incrementū numeri increm entū computo siue detrimentum aut medium inter vtrūꝙ. Tum latitudinis quantitas tum nulla:postremo que tibi vicissitudo inter diem ꜩ noctem sihaizen aut extra. ❡Ascensus stellarum in circnlo centri est inter stellam ꜩ abfidem eius circuli minus .90. gradibus idꝙ ꜩ curfus ꜩ decrementū altissima atꝙ tardissima in puncto abfidis contra vero in oppofitis nam medium in medio. Qʒ circa gradus nonagenos inter eadē ad eundē modum ꜩ luminis quantitatē inter augmentū ꜩ decrementū intuentis visum metit singulas inter circuloꝝ sublimationes ꜩ depꝛessiones perpēdes his accedit quantum ꜩ retrogradationis circuli per quadꝛantes suos inter huiusmodi motus adiciunt excepto ꝙ non omnibus idem est motus. Nā superioꝝ stellarum lumen admodū lune quantū a sole recedu nt augmentant quantū accedunt diminuunt. Incrementū siue decrementū nūmero riget. Inter duos oꝛdines numerus ad rectitudines stellarum perpendit quoꝝum primus a .10. vsꝙ ad gradꝰ. 180. crescit. Secūdus a gradibꝰ. 180 vsꝙ ad. 360. decrescit. Incremento computo ꝙdiu recitudo medio stelle addit decrementū ꝙdiu detrahit. Idꝙ in opis fine medio vero ꝙdiu nec addit quicꝙ nec detrahit ꝙ cum superioꝛibus stellis accidit : dūm pariter in viam solis fiunt. Erunt quidem aut in eodem puncto cum sole aut in opposito. Inferioꝛibus autē quociés recto solis loco de medio vtriusꝙ dem pto aut. 100. aut. 180, gradus relinqui contingit sine rectitudine pariter in eodē cum sole puncto reperiunt. Motus aūt augmentū inferioꝛibus qui dem stellis ꝙdiu plus medijs suis incedunt decrementū ꝙdiu minus me diū est equaliter. Inferioꝛibus aūt ꝙdiu plus sole currunt augmentuꝫ est ꝙdiu minus decrementū:medium iter tum eqtialiter. ❡Sciendū vo quociens stella. 5. bicgꝛigit persarum aut indoꝛum collocati in primo aut quar to sui circuli quadꝛante reperiunt tarde dicunt. In tercio aūt ꜩ secundo ce leres quoꝛum plus si alcdaget mecea scōm si alcdag et albana tractaꝫ que in translatione zigil alchuarchim sufficienter expofu imus:Septentrionales sunt stelle a sui quéꝙ dꝛaconis capite vsꝙ ad cau dam a cauda vsꝙ ad

caput auſtrales.Quarū maxima latitudo medio inter caput τ caudaȝ.Ad
ipſum vero caput τ caudam nulla haiȝ ſtellarum.i.viciſſitudo Auhailet eſt
vt ſtelle maſcule die ſuperius nocte inferius hemiſperiū obtinentes ᵖ ariter
τ ſigna maſcula poſſideant.Femine contra pτeter martē quem noȝ tempe
rat.Eſt enim τ hoc quoddā virtutis earum adminiculū.

De affectione eoȝ a ſole.

Einde ſunt quedam affectiones ſtellaruȝ ex ſole accidentes
ſingulis iuxta ϙ accedunt ad ſolem τ recedunt. Unde eſt ϙ
ſuperiores ſtelle a coniunctione ſolis vſϙ ad oppoſitionē de
xtre dicunt. Inde adiunctionē ſiniſtre. Inferiores vero a cō
iunctione ſolis retrograde vſϙ ad pτimam ſtationē hinc ad
coniunctionem directe dextre tamen ad alteraȝ ſiniſtre. Lu
na vero a coniunctione vſϙ ad oppoſitionē dextra inde ad coniunctionē
ſiniſtra:Sunt itaϙ ſuperioȝ ſtellarū affectiones huiuſm ōi . 16 . Pτima eſt
coniunctio cum ſole quam ȝami dicunt in eodem puncto atϙ altrinſecus
infra puncta. 16. qͫ quantitates circuli ſolaris punctoȝuȝ quidem ad mi
nus.32.ad maius.33.quem infra terminū quia ſtella in coȝde ſolis dici
ea coniunctio foȝtunata eſt hunc terminū excedens ad ſecundā affectionē
migrat que eſt aduſtio. In ſaturnoϙ ioue vſϙ ad decimuȝ peruenies his
gradibus a ſole elongatus tercia paſſio ſuſcipit que eſt ſub radijs tantum
vnde iam liberari incipiunt τ vigoȝem recuperare.hic enim iam maioȝum
eis annoȝum potentia redit τ maioȝis duxturie ϙ in geneȝie tractatu ex
planauimus peruenit autem hec in ſaturno quidē τ ioue vſϙ ad. 15.a ſo
le gradus. In marte vſϙ ad. 18.a quibus terminis in quartā transeuntes
deinceps oȝientales ſunt τ foȝtes.Que quādiu infra tres pτimas affectio
nes moȝant:perſica lingua keneȝduria nuncupant. Ab his itaϙ terminis
quāϙ he ſtelle oȝientales ſunt non tamen videmus eas ſtatim apparere.
Nonnūϙ enim vel ante per quedaȝ climata plerūϙ vero longe poſt diuer
ſas terrarum partes apparent.Sed hinc dicimus eas oȝientales eſſe ut ex
utis iam ſolaris coȝpoȝe viribus ſole pτecedente relictas:ab his igif ut pτe
diximus terminis in quarta iam affectione coȝ τ anima oȝientis dicuntur
apparentes libere τ foȝtes:idϙ vſϙ ad. 60.a ſole gradus quotta eſt exago
ni quantitas.Ab hinc vero in quintā migrantes oȝientales debiles dicunt
vſϙ ad.90.a ſole gradus. quotta eſt tetragoni quantitas his peragratis
non iam oȝientales dicunt.Deinceps eteniȝ exquo ſol oȝitur he in quadȝā
tem occidentalem decedunt que ſexta affectio eſt poſt oȝientalitateȝ dicta

vſcz ad primam ſtationem perueniens que quota fuerit tota eſt.7.affectio
Unde ad oppoſitionez.8.Nona eſt oppoſitio perfica lingua keuercum ka
bala:aqua ad ſecundam ſtationem.10.que.11.eſt.12.eſt directio.Secū
dus tetragonus.13.que ad occidentem declinans diciī.Erquo nācz ſol
ocadit ħe a medio celi occidentem verſus decedunt.Secundus eragonꝰ
14.inde.15.qua primum ſaturnus quidem z iupiter a ſole gradibus.22.
accedunt.Mars vero.18.ſub radijs tantū meliozi tantum a.7.que in gra
dibus occidentis diciī vſcz ad.15.a ſole gradus perueniens,vnde.16.ſub
radijs tantum meliozi iam fortuna deſtituta iam enim vir minozes annos
tribuit z durturiam.In ſaturno quidem z ioue vſcz ad.6.'a ſole gradus.
In marte vero ad.10.Poſtrema eſt aduſtio vſcz ad coninctionem que
due perfica lingua kerierci tagib nuncupanī.℄ Inferiozibus.16.Prima
eſt zamini quantitatis predicte deinde vſcz ad.7.a ſole gradus.Secunda
ozientem verſus a ſole retrogradando que aduſtio eſt niſi latitudo interce
bat.Ueneri ſiquidem nonnūcz preter alias accidit vt ex eodem cum ſole
gradu'videaī:latitudine faciente:que tota quidem graduum.8.punctozū
ſ6.iurta ϙ ptholomeo viſum eſt.Sic itacz nequacz aduſta dici poteſt ve
nus immo apparens.dum a ſole plus.7.gradibus diſtet licet longitudine
ϙ in eodem ſunt gradu.Tercia ꝟo eſt ſub radijs tantuz a.7.gradibus vſcz
ad.12.a ſole qua iam vigotem recuperantes z maiozum annozum ſunt z
maiozis durturie:hinc ozientales in quarta vſcz ad ſecundām ſtationem
que quinta eſt.Serta eſt directio vſcz ad.21.a ſole gradus octaua eſt adu
ſtio vſcz ad coniunctionez que nona eſt.Decima eſt aduſtio occidentalis
vſcz ad gradus.7.Undecima ſub radijs tantū vſcz ad gradus a ſole:.15.
duodecima eſt directio.Decimatercia prima ſtatio.Decimaquarta retro
gradatio vſcz ad.15.a ſole gradus.Decimaquinta ſub radijs tātū ut ante
decimaſerta aduſtio vſcz ad primam.℄ Has itacz ſtellas a coniunctione
ſolis ozient alis retrogradat.Poſt retrogradationē vere vſcz ad.12.a ſo
gradus.Inde vſcz vltra ſolem.15.gradibus.Inde ad coniunctionem
Luna quocz.16.a ſole mutuaī affectiones.Prima eſt zamini altrinſe
us infra.16.puncta cum ſole.Secunda aduſtio uſcz ad gradus.6.infra
nem terminū nullatenus videri poteſt.Tranſacto vero ſtatim nonnūcz
recto circulo.Tercia ſub radijs tantum vſcz ad gradus.12.In quarta
ꝗz ad robedan ϙ eſt ad gradus a ſole.45.In quinta vſcz ad primum
tragonum.In ſerta vſcz amphiarton ϙ eſt ad gradus a ſole centum tri
ntaquincz.Hinc vſcz prope ad oppoſitionē.12.gradibus.7.Unde.8.
ꝗz ad oppoſitionē.Nona ē oppoſitio.Decima ab oppōne vſcz ad gradꝰ
hinc.11.vſcz ad ſecunduz luminis quadzatē vnde duodecima vſcz ad

secundũ tetragonũ:a quo. 13.vſcʒ ad ſecundũ luminis quadrantẽ vſcʒ inde ad. 12.a ſole gradus. 14.vnde. 15.ſub radijs tantũ vſcʒ ad.6. gradus poſtrema eſt aduſtio vſcʒ ad primam. Varũ igiſ affectionũ diuerſi ſunt ducatus quos in locis ſuis exequemur.

Demonſtratus eorum ex quadrantibus circuli ac domicilia pariter z quantitate.

Unc etiã quid ex quadrantibus circuli ſtellis accidat exponi cõuenit. Quod quadripartitũ reperiſ locus in cardine locus in aſcendente locus in remoto locus in aduerſo. Omnis aũt ſtella in quocũcʒ fuerit circuli loco certa altrinſecus quã titate corporis ſui virtutẽ pretendit. Eſt itacʒ ſolaris corporis virtus inter vtramcʒ partem ante z retro quindenox graduum:lunaris duodenox:ſaturni z iouialis nouenox. Martis corpus int vtramcʒ parté octenis gradibus:veneris z mercurij altrinſecus. 7:z cetera

De conſtellationibus ac conſtructionibus qualitatũ ſtellarum.

Onuentus ſtellarũ quas conſtellationes dicunt pluribus ac diuerſis modis fiunt. Conueniũt enim planete tum bini tum plures nunc corpore nunc radijs at cum in eiſdem ſignis tũ in eiſdem ſignorum partibus. Eorundem nũc ſinguli plures fixarũ etiam quibuſcʒ iungunſ:iungunſ etiã capitibus z cau dis draconũ tam ſuorum cʒ alienorum iungunſ etiam partibus per circulũ. Coniũctionis quidẽ terminus infra gradus. 15.firmioris ducatus infra virtutẽ ſtellarũ corporum graduũ numeros vtralibet parte Cum eniʒ conuenientiũ altera infra virtutẽ alterius corporis extiterit ne illa in huius minus firmũ ut ſaturnus cum luna in vno ſigno infra gradus 12.Hec dum infra. 9.Cum igiſ vtracʒ intra alterius corporis virtutẽ ſi pari ter in eodem nunc termino fuerint ducatus oratio firmius quanto conuen ũt firmior quáto ſepanſ debilior quouſcʒ de eodeʒ ſigno exeant. Nam ſi in diuerſis ſignis vltra eoſde termios cõſiſtat:nõ tñ cõiũcte dicunſ ppter ſi gnox diuerſitaté ſed altera infra alteriᵒ virtuté tenue coniunctim ducaſ ſi gna. Fixis autem ſignis nulla per ſe corporum eſt virtus niſi quanta planetarum eſt eis conuenientiũ alteram alterius naturaʒ ac propriã cuiuſcʒ virtutẽ inficere z corrumpere ut cõiunctis.terciᵒ quidã affectus extraneᵒ ducaſ. Idcʒ copioſa ſilitudie approbat.quéadmodũ limpha vino pmixta ut ipm infrigidet naturã eius inficiés corrũpit ſiccʒ ouerſo mſtacʒ his ſilla

Nos aūt cp licet id cp ita sit vt vtrūcp alterius attemperet:non tamen suam cuiuscp naturam prozsus interire vini calozem:aqueve humoze:licet nō in tegrū nec adeo calidum siccp in ceteris confectionib'. ¶Est z aliud cp hec inferioza cozpoza liquida permixtione quidē vbi alterū alteri inserit sese ni mirū inuicē inficiunt z cozzumpunt.Celestia vero cozpoza cum iungunt cz longe abinficem distant nequācp se ita cozzumpunt sed in natura sua acvir tute propria virtutes suas vicino coiciunt te inuicē miscent.vnde motu cōi ac permixtione terciū quēdā affectū vtriuscp nature cognatū gigni necesse est:signi natura locicp circularis affectione pariter z stellarū affectu coope rante quos effectus antiqtas per diuersos tractatus exequit. ¶Sunt itacp stellis coeūtibus gemine habitudines prima qualitatū pmixtio:secūda al terius supza alterā potentia.Qualitates sunt caloz frigoz humoz siccitas. Qualitatū pmixtio quincp partita.Przima in pprietate nature. Secunda ī ascensu z descensu p circulū ex centro.Tercia in natura loci.Quarta in af fectione ex sole.Quinta in accidenti ex quadzantibus circuli que in quar to libzo expozuim'. ¶Alteri' aūt sup alterā potentia triplex que nācp absī di sue propioz qui septentrionalis ascendens.Cuicp septentrionalis latitu do maioz ipsa obtinet a:cp hic in coniunctione stellaruz tantū speculari cō uenit.Cetera nācp cp absīdū cp digressionū circulis carent.Uisum ergo est eis cp rōnabili speculatione celestiū effectus indagant.Saturni quidem z martis cōuentus qualitates eozum contrarie coeuntes temperiem confi ciunt vtricp siquidē gemine qualitates quarū altera imobilis altera facile mutabilis:vt saturn'frigidus siccus:interdū tamen frigid' humid': mars calidus siccus interdū calidus humidus vt in quarto libzo expozitum est. Si ergo conuentus eoz in signo igneo fuerit caloz martis exuperat inter reo frigus saturni vtrūcp siccitas valida.In aqueis z aereis siccitatem hu moz exuperat alteracp martis caloz alteracp saturni frig' moderat. ¶Ad eundē modū affectiones eoruz a sole ordinant. Nācp exquo a sole sepant vscp ad primā stationē aeream nullam contrahunt vim vscp ad oppositio nem solis igneā vnde vscp ad stationē terream.Aqua vscp ad solē aqueaz hunc ordinē z quadzātes circuli qnantū in ipsis est mutant . Quotiēs igit ita iungunt vbi vtracp qualitas temperet cōiunctiōnis ducatus ad finem beatū spectat.Cū vero vt altera tantū min'. ¶Triplex est igit vtriuscp qua litatis permixtio.Primo vt sit mars calidus humidus saturnus frigid'sic cus.Secūdo vt mars calidus siccus:saturnus frigidus humid'.Tercio vt mars calidus humidus saturnus frigid'humid'.Cuiuslibet igit harū triū speciei cōmixtio fortunata :licet eni z ambo fuerint humidi: humoz tamē martis caloz est cp saturni frigus temperat:simplex aūt alterius tantum vt mars calidus siccus:saturn'frigidus sicc' cp cū accidit intempzata siccitas

—alterius calozem alterius frigus imoderate exasperat ut pax tpata coniun
ctio minus etiã fortuntas sit. Omnẽ inde huius cõiunctionis fortunã siue
in exozdijs negocioz seu genezia aut annalibus noxia eoz natura conta,
minat vt nec sine labore z pena multacz cozpozis difficultate crebzis z gra
uibus animi passionib'seruare queat z de cetero plerũcz grauiozpena con
sequat. Opoztet aũt z in hoc z in omni cõuentu vt ducatus certioz fiat pze
potentẽ quã rõne dictũ est dinoscere inter omnes vere hos qui apud solez
sit conuentus singulari quodã priuilegio exceptus est. Omnẽ eteni stellam
sibi coniunctã pzeter zami adurens z cozzumpit z debilitat. Ac stelle quas
plurimũ adustio ledit sunt luna venus: vt enim ex frigido humoze teneraz
cõtraxere naturam sicco solis feruoze nature sue prozsus inimico citius vel
grauius ledunt: leuius aũt saturn'z iupiter: leuissime vero mars z mercu,
rius duz directus sit qui fere solaris nature sunt. vnde in eo conuentu alias
quidem fortiozes leuius: alias minus foztes grauius cozzumpi constans ẽ
Sic ergo cum mars aut saturnus soli iungunt vtercz alteri grauis excepto
cp illis adustio grauioz cp illi cozzuptio. Magis aũt saturno: potest eniz cũ
saturno vtracz qualitate misceri cũ marte vero alteri tantũ. Lũ igit vtracz
qualitate sol saturno miscet z sol saturnũ leuiter adurit z saturnus solem le
uiter cozzumpit: altera tantũ graui'excepto cp sol semper foztioz est hoc si
saturno z loci natura semper incõmoda fuerit qualis est casus locusve cir,
culi versus etiã multo grauius cozzumpit: mars aũt soli grauioz. Miscetur
nãcz sol marti vel altera tantum qualitate vel nulla. Inter oẽs autez mer,
curio vt consueto ac familiari solis adustio minus grauis minime dum
directus sit qui dum sub radijs est z infortunatus sic paxillũ solem ledit z
foztunatus pgrũ beat. Vtrancz siquidẽ foztunã aliunde assumens ad solẽ
transfert. Lum aũt iupiter aut venus siue luna soli iungit solez quidẽ beant
ipsos tamen adustio ledit magis minus foztes pzeter zami: lunã quocz sa
turnus z mars coniunctione cozzumpũt ea tamen discretione cp mars in
pzima lunationis medietate. Saturnus in scõa grauius leuius. Itẽ dum
ipsa grauius dum illi. Cum autem saturnus z iupiter cõueniunt qui foztioz
fuerit obtinet. Siccz inter martem z venerẽ z ceterax cõuentus. Nã quo,
ciens z plures cõueniũt fortissima obtinebit. Sunt tamẽ qui asserunt quo
tiẽs saturnus vtricz in natura sua foztis conueniunt conuentũ aduersum.
Ad quod multam similitudinẽ adducentes aiunt quociens due res etiam
due res iungunt non mediũ aliquod tempari sed eandẽ naturã augeri vt
flamma flammẽ limphe iuncta multacz his similia. Sic igit aiunt he due
stelle cum vtracz infortunata sit coniuncte potius infortuniũ adaugent. Di
cimus igit cp cozpoz que apud reperiunt alia sunt solida aliã liquida vtro
r ũcz habitudines. pzima est compositio: secũda confectio: tercia cõiunctio

quarta cōmixtio. ¶ Solidox igit vt alia spaciose quanti tatis sunt alia di/
minute. Ex spaciosis compositio terciā edidit figuram ut ex lignis edi ex
diminutis vero confectio aliam quandā naturam vtriusᵓ cognatā gignit
vt ex diuersis seminū generibus medium quoddam:liquidoxuᶻ autem est
alia natura permixtio alia insaciabilis affectus. In his quidem cōiunctio
vt ex aqua ⁊ adipe in illis cōmixtio ut ex aqua ⁊ vino medium quoddam
gignitur. Quociens igitur diuersis generibus coadunatis ᵓ inuicem in/
terserta alterum alterius naturam inficit ⁊ interficit ea commixtio siue con
fectio:tercium quoddam producens ex eisdem enim generibus neᵓ com/
mixtio neᵓ confectio medium aliquod gignens. Uerux adiunctio siue ag
gregatio augmentans vt aqua aquis flamma flammis coeuntes ut semi/
na seminibus:radices radicibus sui generis hisᵓ similia. Quox quoniam
nihil in supernis accidit neᵓ enim sese contingunt nec inuicem interserunt
vt ad aliquid agerent verum ex legittimo coitu cum contrarie qualitates
misceant ex alterius frigore alterius calore sicᵓ conuerso temperari necesse
est.

De applicatione respectuum stellaruᶻ ⁊ separatione ceteri sᵓ id
genus habitudinibus .

Stellarum habitudines alij specialiter ordinantes nume
ro variant sic enim albumasar cum alibi · 2 5 · scribat hic
17 .nos autem tullij nostri memores nō posito genere in
eadem particione speciem numerare consueuimus eas
18 .generali complexioue enumerauimus specialiter vt
mos est ordine subdiuidentes respectus:applicatio: sepa
ratio:parilitas:solitudo:alienatio:translatio: collatio :p/
hibitio:collectio:reditio:contradictio:impeditio:euasio:interceptio: com/
passio:remuneratio:receptio.¶ Respectus stellarum est inter domicilia sit
præpositis figuris discriminata bipartitus. Sinister quidez ad terciū quar
tum quintū. Dexter ad. 10.9.8. Sextus per diametruᶻ opponit respectus
quidem est de signo ad signum validissimus tamē de gradu ad gradum p
gradus equales figurales pportionaliū arciū cōtinentes. ¶ Applicatio
est leuis ad grauem dum gratiis plurium sit graduū. Est autem primo lo/
co bipartita corpore uidelicet respectu:corpore quidē in eodem signo quā
coniunctione vel conuētum dicimus cuius virtus seorsum tractari debuit
Applicationis respectiue quedā sunt spes quas vt de ipsa generaliter tra/
ctatū fuerit loco suo exeᵓmur. Quociēs eni ex domicilijs sese respiciētibus
leuis ad grauē accedit non eque est coniūctio sed nature quedā cōmixtio

cõiunctione debilioz. In vtrolibet igií genere ꝙdiu leuis ad grauem a ter
minis conſtitutis applicatio eſt eꝛquo tranſierit ſepatio.vis equidé appli,
cationis cõiunctiue a. 15.gradibus reſpectiue a. 12.debilis tamé quouſꜗ
applicans in eundé terminū peruen at aut infra dimidiū vtriuſꜗ coꝛpoꝛis
virtuté.Quod genus ligon dicií a qua dum ſepaí in eius virtute eſt ꝙdiu
non applicaí alij in eodem ſigno magiſꜗ infra dimidiá eius coꝛpis virtu,
tem .licet eni vel ad plures vna quelibet accedat cui pꝛopioꝛ eſt ei accedat
dicií.Nam ligon ſi in fine ſigni fuerit dimidiū eius virtutis ſequentis ſigni
eſt.Nec aliter in pꝛincipio ſigni excepto ꝗ ea virtus non adeo valida pꝛo,
pter ſignoꝛ diuerſitaté.Quotiens vero duobus in eodé puncto conſiſten
tibꝰterciꝰvndelibet applicat ei pꝛimū ligari dicií in cuius pluribus eꝛtiterit
dignitatibus deinde ſecundū.Sic etiã quociens due eꝛ eodé puncto vni
applicant ea pꝛimū ligaí que plurimū teſtimoniū affert.Lū ſecundꝰ in hoc
genere dñs termini pꝛecedit contingit nonnūꝗ vt ſolitarie alicuius in fine
ſigni coꝛpoꝛis virtus in ſequenti ſigno radijs alterius eꝛcipiaí ſitꜗ miꝛtio
debilis non tamen applicatio quouſꜗ in reſpectu tranſitus fiat . Omnia'ꝗ
dicta ſunt in coniunctione quidem firmioꝛa ſunt magis aūt dum natura,
lis fiat cõmiꝛtio in vtroꝗ genere. Vtriuſꜗ ergo generꜗ gemine ſunt ſpe,
cies in longum ꞇ latuꝫ. In longū quidé nūc directe nūc retrograde in mo
dum quo eꝛpoſuimus.Latitudinis triplex eſt ſubdiuiſio pꝛima quidem vt
ſit coniunctio in eodem gradu eadem latitudine eadem parte ꝗ genus al
terius eclipſim parat neceſſe eſt. Secunda eſt oppoſitio vt altera ad ſeptē
trionē aſcendente altera ad ſeptentrionē deſcendente aut ecōuerſo eadeꝫ
vtrūꝗ latitudine ſitꜗ in auſtro.Tercia eſt ſeſquipartita inter binos eꝛago
nos tetragonos trigonos altera ad ſeptētrionē aſcendēte altera ad auſtꝛ
deſcendente aut econuerſo.Ea diſcretione adhibita ne eꝛtrema applican
tis latitudo minoꝛ ſit pꝛeſente alterius latitudine.Ad quam cū puenerit li
gatio eſt.eꝛ quo tranſierit ſepatio.Excepto ꝗ nõ ſtatim virtuté illꝰ eꝛiuit
ꝙdiu ſcꝫ in eadem parte fuerit quouſꜗ altera aſcendente altera deſcendē
te incipiat vel cõuerſo. Eſt ꞇ aliud generis aꝛtificiū vt reſpicientiū vide,
licet ſtellarū ſeptētrionali latitudine loco ſuo adieꞇta latitudine vo auſtra
li loco ſuo detracta inter reperta loca duo longitudo colligaí . Que ſi fue,
rit graduū aut.60.aut.90.aut. 120.eꝛoꝛdio numeri a leuioꝛi ſumpto liga,
tio eſt.Si minꝰapplicatio ſi magis ſepatio:põt etiam vna ꝗlibet pariter al,
teri longo alteri lato applicari.Vnde diꝛimꝰ de fugitiuo ſi luna inquid io
ui longitudine:marti latitudine ligata repií ꝗ marti conſequendū iudicat
quia ioui non ledendū:firmius vero vni vtraꝗ applicatione ligari magis
eꝛ aliqua recipientis dignitate.vnde applicationis reſpectui quatuoꝛ ſunt
ſpecies donū nature donū virtutis donū gemine nature donū cõſilij donū

nature est applicatio ex aliqua recipientis dignitate. Donū virtutis est ap/
plicatio ex aliqua applicātis dignitate. Donū gemine nature est applicatio
pariter ex vtriuscg dignitate. Donū consilij q̃libet alia, firmioz amice figure
naturecg cōmixtione firmissima cū receptione. ¶Parilitas ligatiōnis vim
imitat naturali quadā adequatione non respectu qua doctissimi astrologi
in secretis rerum vsu reperiuntur. Uulgares vero nihil h²modi intelligētes
nec aduertisse videntur. Est aūt bipartita intra gradus signozum equaliter
ozientiuz: signozūcg equalium dierum qua rōne compos z consoz inuenit
stella in primo ♈ gradu: stelle in vltimo ♓ quarum altera ei que in fine ♍
altera eius in principio ♎: sic ea que in. 20. ♈ ei que in. 20. ♓: siccg ei in. 20
♍: similiter ea que in fine ♈ ei que in principio ♓ : siccg ei que in principio
♍ : siccg deinceps ad hunc modum. ¶Solitudo est quotiens stella post
separationem nulli in toto signo appllicat. ¶Alienatio est cum per totum
signum omni respectu caret qd sepius ☽ accidit. cuncg accidat ducenda est
stella per terminozū dños moze applicationis tancg ligata cuicg in cuiuscg
termino fuerit: siccg per ozdinem. Q̃ artificium z in solitudine nōnuncg ad
hibendum est videlicet non satis cōmixtis separata longius dimisse vires
exuit necdum alij applicans. ¶Translatio ab vna ad aliaz cuius due ptes
Altera vt eadem stella inter duas ab altera separata alteri applicet. altera
vt dum leuis graui applicat grauis alteri applicet. ¶Collectionis due sunt
species quarum altera collectionem: altera translationez imitatur. Illa si/
quidem vt sint due auerse abinuicem vnam respicientes vel ei applicantes
Illa vero quelibet circuli locum respiciat cui conferat. Hec autem vt inter
oziens negocij q̃ dños abinuicem auersos aut separatos quelibet alio ex
vno alium respiciens vel applicans cōferat. ¶Prohibitio bipartita altera
vt sint tres vel plures in eodē signo per diuersos gradus grauis in plurib²
Hec ergo que media est altera phibet ne graui applicet quouscg eam tran
seat. Altera vero ex parte respectus vt cum de duabus stellis in eodē signo
altera applicet alteri: sic eidem pariter eminus alia respectu applicans que
si in pauciozibus vel eq̃libus fuerit gradib² eam cozpoze accedens phibet
quouscg graduū numero superet. ¶Reditio quocg ex duob² sumitur loc
Altero vt cum stelle sub radijs existenti applicatur. altero cum retrograde
vtriūcg siquidem applicantis consilium reiicit. Est igitur huiusmodi reditio
tum salubzū tum aduersa: ac salubzis quidem triplici modo perpenditur.
Primo quidez vt sit applicationis receptio. Secundo vt vtracg in cardine
aut post cardinez applicans ↄdirecta. Tercio vt licet recipiens remotus ap
plicans solum in cardine sit aut post cardinem: hic itacg recipiens quidem
q̃ cozruptus est z remotus. Rem quippe quantum in ipso est inficit: sed q̃
reddit ipsi qd conferebat. Ille vero liber z fortis eripiens rem ad effectum
producit. ¶Aduersa vero duplici modo. Altero vt sit duplicans remotus

h

Alter aūt in cardine aut poſt cardinē. Dic ergo qñcunq̃ confert redditur
Ille vero debilis rem quidez alter parat:alter deinde inficit. altero vt ſint
ambo remoti vel aduſti ſiue retrogradi: q̃ cum acciderit res oīno negat.
⸿ Contradictio eſt vt cum ſtella ſtelle applicās anteq̃ p̃ueniat retrograda
fit. Id eni eſt firmata negare. ⸿ Impeditio eſt vt inter tres ſtellas quaruz
grauior in quolibet gradibus:lenior in pluribus: leuiſſima in paucioribus
que dū graui applicare paret:anterior illa retrogradatio grauem tranſeat
Dic ergo applicantē impediri neceſſe eſt. ⸿ Euaſio eſt cum ſtella ſtelle applicat que anteq̃ perueniat illa inſequens ſignum tranſiens alias vicinior
reſpectu inficit. Id eni eſt prius cōſilium annullari. ⸿ Interceptio triptita
eſt primo quidē vt ſit ſtella parans applicare ſtelle A qua in ſecundo ſigno
ſtella que retrogradando anteq̃ illa perueniat huic iūgatur ſicq̃ applicās
lumine intercipit. Secundo vt ſit leuis graui applicans. illa vero grauiori
anteq̃ tranſeat q̃ leuis ad ipſaz perueniat. Signum ergo eſt in re queſita
aliud peruenire. Tercio autem applicet ſtella ſtelle equali negocij dño:aut
ipſi equalis illi. ⸿ Compaſſio eſt cum ſtelle in caſu ſuo aut precipicio poſite
ſtella amica de aliqua dignitate eius applicat: aut ipſi illi cp ſit conſeq̃ter
in proximo ad eundē modū conuerſio fiat idem cp remunerationē dicim᷉
⸿ Receptio eſt cū ſtella ſtelle applicat vt vel applicans in recipientis ſit di-
gnitatibus:aut recipiens in applicantis:firma quidē de domicilio aut prin
cipatu de ceteris debilis niſi pluribus ſimul: de quo genere eſt receptio ex
reſpectu ſiue applicatione aut ex amica figura aut ex prima τ ſcōa ſignorū
cognitione quas ſuperius tractauimus. Sic etiam fortunate ſeſe inuicē re-
ſpiciunt:ſic infortunia ōno coniunctione tantū aut amica figura. Eſt itaq̃
receptio queda alia fortis:alia debilis:alia mediocris. Fortis quidez inter
☉ τ ☽ omni ex loco preter oppoſitionem:que cum ex dignitatibᵒfortiſſima
eſt:eiuſdem generis eſt receptio apud ♀ ex ♍. Mediocris vero ex ſingulis
dignitatibᵒ de primis duobus generibᵒ:de ceteris vero debilis niſi pluribᵒ
ſimul vt dictum eſt:ex horum oppoſitionis remunitio ſumitur.

⸿ De fortuna ſtellarum fortitudine τ debilitate atq̃ infortunio.

E his habitudinibus quaterna ſtellarum affectio pcedit: for
tuna:infortuniū:fortitudo:debilitas. Cum τ ☽ impedimēta
Fortuna ſtellarum eſt vt ſint fortunatis coniuncte aut amica
figura reſpecte infortuniis auerſis aut inter fortunas ſimiliſ
medie aut zami aut in amico ☉ reſpectu ſiue ☽ felicis motus
atq̃ lumine creſcentꝰ:aut vt ſint in dignitatibus ſuis aut gradibus lucidis recepte:aut ſaltim ſiharzehe vt maſcule in ſignis ac gradibᵒ
maſculinis die ſup terram:femine contra aut ſint in dignitatibᵒ fortunarū
Nam et fortunarum fortuna eſt eſſe in dignitatibus luminū itaq̃ fortuna
ſtellarū triptita multipler plenaria diminuta:multipler quotiens ex huiuſ
modi comoditatibᵒ plures conueniunt:vt ♀ in ♍ dupla qui ſi pariter τ in

termino suo fuerit tripla: sicque simul in oriente quadrupla. Plenaria in domiciliis melioris figure ut ♄ in ♒: ♃ in ♐: ♂ in ♏: ♀ in ♉: ☿ in ♍: diminuta in alteris. ¶ Fortitudo stellarum est ascensus ad septentrionem: aut esse in septentrione. Ascensus in circulo ex centro motus augmentum: tum ut sint in statione secunda: tum extra adustionem directe: tum ut cardine aut post cardinem. Superiorum quoque stellarum ut sint orientales et in orientalibus circuli quadrantibus. ☉ ibidem pariter et in signis masculinis preter ♎. Inferiorum autem ut sint occidentales et in occidentalibus circuli quadrantibus. ¶ Debilitas stellarum est casus exicium exilium magisque cum solitudine applicatio ad retrogradam aut corruptam: prima statio retrogradatio sub radiis: tum ut sint in gradibus obscuris nature recepte aut in opposito harzehe descendente ad austrum aut esse in austro descendere in circulo excentri motus decrementum remotio et aversio. Tum via perusta a. 20. ♎ usque ad. 10. ♏. Superiorum quoque trium ut sint occidentales et in occidentalibus circuli quadrantibus ibidem ☉ preter nonum sed in signis femineis. Inferiorum autem ut orientales et in quadrantibus circuli orientalibus. ¶ Infortunium stellarum est ut sint infortuniis coniuncte aut oppositione eorum sive tetragono aut trigono vel exagono: aut sint termini infortuniorum seu domiciliis aut supemineant infortunia ut ex. 10. aut. 11. a stelle loco eiusque nec recepte infortunio. Tum ut coniuncte ☉ aut in tetragono eius sive oppositione peiusque infra. 4. gradus. Tum ut capitibus draconum suorum aut caudis iungantur aut capiti draconis: aut caude idque infra. 12. gradus. Sunt qui caput de natura augmentativa iudicent: convenientibus itaque fortunatis fortune addit: infortuniis iunctis infortunio. Caude vero natura diminutiva: minuit itaque tam de fortuna quam de infortunio utrolibet genere coniuncto. ¶ Postremum est obsessionis infortunium. Est autem biptita. Primo quidem ut sit stella in quolibet signo utrumque vero in eodem signo infortunii aut corpus aut radii aut ab infortunio separata infortunio applicet. Secundo ut sit stella in signo quolibet pariterque infortuniorum alterum in secundo alterum in. 12. quod genus signi potius est. Si enim nec insit stella fueritque vel oriens vel aliud quodlibet hoc modo affectum obsessa dicitur. Utrolibet igitur in genere si vel ☉ vel fortunate respectus propius. 7. gradibus intervenerit eripit magis proprium domicilium huiusmodi quasi obsessio si infortunata fuerit summe fortunata. ¶ Impedimenta ☽ seu corruptiones singulares undecim sunt. Prima est eclipsis validissima in signo radicali seu in trigono eius aut tetragono eius. Secunda sub radiis. Tercia inter ipsam et oppositionem ☉ minus 12. gradibus. Quarta cum est obsessa inter duos malos. Quinta ut sit cursu vacua. Sexta quando est cum cauda draconis. Septima cum est in australibus signis magisque descendens. Octava in via pusta. Nona in fine signorum. Decima cum minus medio suo motu incedit. Undecima in nono ab oriente.

¶ In extrahendis stellarum radijs iuxta Ptholomeum.

I N extrahendis stellaru radijs multa diuerſitas per diuerſos tractatus inuenitur q̃ alibi. Nam hic ptholomeum elegimus cuius ipſa hec verba. Quotiens inquit trahendi ſũt ſtellarum radij diſcernendum primum eſt locus ſtelle inter circuli quadrantes qui ſi inter celi cardinem ꝛ oriens reperitur obſeruatus aſſumetur: locus ſtelle ex circulo recto pariter et medium celi ex eodem circulo quo facto diminuet is medij celi gradus de eo ſtelle gradu q̃bꝗ remanſerit diuidetur per ptes hore gradus ſtelle vnde hore ſtellaruꝗ puncta colliguntur eaꝗ eſt diſtantia ſtelle a medio celi. Qui ſi ſtella ſit inter oriens ꝛ terre cardinem: ſũmum recti circuli detrahet de ſtelle gradu eiuſdem circuli reliquoꝗ ſeruato aſſumpte partes hore gradus ſtelle per ſenarium multiplicabutur: productaꝗ ſũma de reſeruato reliquo diminuetur: quodꝗ remanſerit diuidetur per partes hore oppoſiti gradus ſtelle: quotꝗ colliguntur hore ſunt horarum puncta ea eſt diſtantia ſtelle ab oriente. Si aut inter quartum ꝛ ſeptimuz aſſumes terre cardis circul⁹ diminuetur de loco ſtelle ex eodez circulo reſiduumꝗ diuidetur per partes hore gradus oppoſite ſtelle: eaꝗ eſt diſtantia ſtelle a cardine terre. Si enim inter ſeptimum celiꝗ ſit cardinez vnum recti circuli detrahunt de loco ſtelle eiuſdem circli reliquo notato partes hore oppoſiti gradus ſtelle ſenarius multiplicabit vnde pducta ſũma de notato reſiduo dempta reliquũ per partes hore gradus ſtelle diuidetur: eaꝗ eſt diſtantia ſtelle ab occidentis cardine. Ad hunc modum ſtelle a cardinibus diſtãtia depꝛehenſa cum extrahendi fuerit radij ſtelle cuinſlibet figure in ſiniſtraz quidẽ ad exagonum. 60. ad tetragonũ. 90. ad trigonum. 120. gradus adicientur. in dextra vero detrahẽtur. Cum hec itaꝗ numero intuitu facto in circulũ rectum quot gradus equales in ſigno ſuo deſignauerit aſſument deinde loco ſtelle per ortum climatis vt ante ſiniſtram. Item ad exagonũ quidẽ. 60. ad tetragonium. 90. ad trigonum. 120. gradus addentur. in dexteram vero diminuent. Cum quo numero in tabula climat̃ introitu facto quot gradus equales in ſigno ſuo demonſtrauerit aſſumentur. Si ergo ꝟtruncꝗ aſſumptus equalium graduum numerus in eundem gradum inciderit eum gradũ eius ſtelle radij ſerunt. Si vero in diuerſos collecta inter numeros differentia per ſenarium diuidetur: quantumꝗ diuiſio dederit multiplicabitur per horas diſtãtie ſtelle a cardine: productaꝗ ſũma duoꝛ locoꝛum loco ſtelle per gradus equales in ſiniſtra propinquiozi. in dextra vero longiquiozi adicitur. Quo ergo numerus pꝛuenerit eouſꝗ radij ſtelle pertingunt. Oppoſitionis deniꝗ radij per diametrum oppoſitũ ſignificat.

Nni stellarum quincq partito reperiutur. Alij quidem sunt firdariech stellaru. Alij sunt magni stellaru anni. Alij maiores:medij:minores. Alij quidem in indicia seculi. Alij in vitam humanaz. Alij in rerum z tpm numeros tum ex vtute corpor stellaru:tum ex varijs p circulos suos metis tum ex terminis cuiusq alijsq atcq alijs per circulum proprietatibus certis dimensionibus assumpti quorum ratio plenius alibi tractatur. Nunc autem singuli in hunc ordinez numerantur.

Anni	☉	♀	☿	☽	♄	♃	♂	☊	☋
Firdarie	10	8	13	9	11	12	7	3	2
Maximi	1460	260 al 115	480	520	465	418	264		
Maiores	120	82 al 72	76	108	57	79	57 al 66		
Medij	39 z di.45 al 69 z dimidium	48	66 z di:42 z di. al 39 z dimidium	45 z di.	40 z dimidium				
Minores	19	8	20	29	30	12	15		

De naturis stellarum septem z proprietatibus ducatuum per vniuersa rerum genera.

Ostremo est vniuersa stellaru ducatus per diuersos reru mot? expositio quos in nullo singulari corpore simul omnes regiri impossibile est:sed partim in hoc ptim in illo:sparsim omnes complentur. Consequenter autem singulas tum ex naturali cuiusq virtute:tum ex varijs locorum affecionibus diuersos eorum motus comitantium.

Ꞇ ħ quidem natura frigidus ſiccus nõnunꝗ accidentaliter humidus ob/
ſcurus aſper grauis fetid⁹ voꝛax tenax:multe cogitatiõis firmeꝗ memoꝛie
ſibi magni:alijs parui:eius eſt agricultura:ħabitatio terrarum ꞇ aquarum
rerum dimenſio ꞇ pondus:fundi partitio:multaꝗ interdum poſſeſſio:tum
ꞇ manu altum pars artificioꝛum vt cementarij foſſoꝛes carpentarij atꝗ id
genus tum ſũma ꞇ egeſtas nauigia longa via et difficilis longum exilium:
etiam pꝛouiſus difficultatum ꞇ periculoꝛum incurſus:tum fraudes negcia
doli pꝛoditio noxa facinoꝛa abhoiatio ſolitudo deliberatio quoꝗ ꞇ intel/
lectus:ſermo certus ꞇ amicicia ſtabilis:longa puidentia:tum ꞇ regum con
ſules:omniſꝗ malicia iniquitas ꞇ violentia captiuitas: cathene compedes
carceres damnatio inſtantia ptinacia perfidia difficilis ira: nec tñ effrenis
omniſꝗ boni odium ꞇ inuidia.Ꞇum metus anguſtia doloꝛ penitentia paſ
ſiones dubitatio.Erroꝛ in volucrum laboꝛ pena leſio funera luctuſꝗ fune
bꝛiſ oꝛphani vidui ꞇ oꝛbi:hereditates reſꝗ antique.Ꞇum ſenex patres aui
pꝛoaui eiuſꝗ partis pentes. Ꞇum ſerui mãcipia mercenarij eunuchi vulg⁹
atꝗ hominum genus infame ſteriles ignauum detractiux:coꝛpoꝛis partes
auris dextra ꞇ ſplen omneꝗ melancolie genus.Ꞇum malefici fures foſſo/
reſꝗ monumentoꝛ ꞇ ſpoliatoꝛeſ:omneꝗ magice omniſꝗ maleficij ſtudiũ
poſtremo longa cogitatio:rarus ſermo:altus ſecretoꝛũ intellectus:occulta
pꝛofundoꝛum atꝗ inexhauſta ſapientia.

℩ ♃ natura calidus humidus dulcis temperatus equus est eius virtus na
turalis ac nutritiua corpora animantium sobolisꝗ progenies magnates ⁊
prelati:corporis partes auris sinistra ⁊ epar:forme dignitas:animi nobili
tas:sana sapientia ⁊ intellectus:visionum interpretatio:certitudo ⁊ veritas
Tum iura leges templa cerimonie religio honestas fortitudo temperantia
iudicia pacificentia:gratia vera fides humilitas ⁊ obedientia. Accidenter
aliquando post deliberationem inconsultus rerum aggressus: ac difficul/
tatum incursus. Tum pacientia deinde vindicta ⁊ victoria in omni conten
tione magnificentia dignitates regna principatus. Tum spes gaudium mun
dicia ꝺtinentia parcitas beniuolentia amicicia liberalitas:animi ingenui/
tas. Tum facultates ⁊ suffragia:hominum societates: cohabitatio contu/
bernium sermones quoꝗ dignitates pmissio stabilis:depositio fidelis hi/
laris iocundus placidus indulgens veneri officio ⁊ sibi ⁊ suis vtilis malum
fugiens ⁊ bonum appetens prouido consilio:grati sermone:⁊ priuatis pu
blicis rebus salubris ac fructuosus.

⁋Mars :natura calidus ficcus acutus vehemens atrox:eius eft adolefcé
tia vires epar cum ♃ nares cum ♀ corporifcꝗ paffiones calide: tum igni
tabula exuftio cunctiꝗ repentini prouentus :reges violenti :inimici inhu⸗
mani:peruerfi iudices:iudicia caftra regum:clientela iniquitas fcelera pro
ditio pugna cedes effrenis audacia:ftulta fecuritas:elatio magna tumidi⸗
tas iactantia:forme et glorie amor: diffenfiones litigia feditiones contro⸗
uerfie predationes oppreffiones infidia latrocinia:grauis ira:facil offenfa
plage vulnera captiuitas difcretio:fugiédi difficultas:timor ac tremor: im
prouifa feftinatio perfidia contradictio turpiloquia:incautus amor: mani
fefta amucicia:promiffus impenfus piurus dolofus refponfione:ꞇ aggreffu
promptus atꝗ ingeniofus fallax inconftans exlex maledicus maleficus:
malignus temporis incompofitus omnia contaminans: varie cogitatióis
in reb° cogitandis:in rerum cómutatione confultu reditu:multi murmur⸗
ꞇ pene deformis inuerecundus inceftus fpureus ingratus:pgnanti grauis
parturienti inimicus:partui periculofus nónunꝗ aborfus: caufa eiufdem:
ꞇ mediocre hominü genus.⸿um et pecudum cuftodia iumentorüꝗ caufa
ꞇ procuratio.⸿um ꞇ vulnerum ꞇ leffonü caufa pluriumꝗ cirurgia omneꝗ
ferarium omne cruentum artificiumꝗ mortiferum. ⸿am eiufdem mortis
acerbum duo reliquum magis ♄ ☿ participe.

C Sol natura igneus tparꝰ: eꝯ
est oĩs eoꝯ nitoꝛ ⁊ claritas vni
uersalis vita caput animatis cũ
aĩali ſpũ atꝗ oculo deꝛtro. Opi
nio qꞇoꝗ ⁊ rõ tuꝗ mediuꝝ ꝛone
habitabilis:reges et primates :
cõcilia ⁊ cetus hoĩuꝝ:foꝛtitudo:
victoꝛia:vindicta:honeſtas:ma
gnificentia:habitudo bona eꝝ
iſtimatio:ambitio:multaꝗ au
ri cupiditas pſpicuitas mundi
cia graue eloquiũ vicinis noꝛiꝯ
remotis cõtra ſicꝗ⁊ int hec nũc
cõmodus eiuſꝗ hic ſublimatio
illic degradatio habet leges : iu
dicia:magiſtratus intelligétias
tum patres ⁊ fratres nihil roganti negans. Poſtrema ſunt valida maloꝝ
vltio regimen imperiale ſũme diuinitatis contemplatio.

C Venus frigida ⁊ humida té
perata eius eſt mulieꝛ genꝰ mi
noꝛeſꝗ ſoꝛoꝛes. Tum veſtimé
ta omniſꝗ cultus ac redimicu
la cũ aureiſꝗ ⁊ argenteis oꝛna
mentis :tũ frequés balneũ ⁊ ab
lutio foꝛme ꝗ aptitudo gracio
ſa cum multa facecia:amoꝛ mu
ſice gaudia loci oiſꝗ inſtrumé
talis melodia cũ iꝑis etiã inſtru
mentꝛ atꝗ motibꝰ adaptis. Tũ
ſponſe cum ſponſalibꝰ: ac tala
mis cum triplici iure coniugii ſi
mul etiam odoꝛa dulcia ac ſua
uia ꝗꝗ ludi inceſſeris atꝗ aleis
ocia pꝛeter ſtudia: amoꝛ: laſci
uia: dulces querele:effeminatio:indignatio:fallacia frequens mendaciuꝝ
ac periuria. Tum vina mella potuſꝗ inebꝛiabilis ipſaꝗ ebꝛietas : luꝛuria:
foꝛnicatio omneꝗ id genus tum naturalis vſus ꝗ contra naturã in vtroli
bet ſeꝛu tamꝗ legittimi ꝗ illiciti cum ipſis oĩum auctoꝛibus ſint.lꝗ oĩni
pꝛole illegali. Tum dilectio nati mutua hominũ caritas pietas facilis cru
delitas voluntaria receptio valitudo coꝛpoꝛis animi debilitas multa car

noſitas pinguedo cum adipe omnis voluptas diuicie τ oblectamenta eo
rūch ſtudioſa inquiſitio. Tum ſubtilia mirandach artificia vt egregie pictu
re atch future cū ſuis artificibus tum fora τ tentoria odorumch mercature.
Poſtremo ſciētiarū intentio. Tēpla deinde legis obſeruatio ius equabile.

CMercurius promiſcuus ad oēm cōmixtionis aſſenſuₑ facilis eius pueri
cia cum maioribͧfratribͧmultoch puerox amore. Lux diuinitatis fides p
phetie ſermone diſcipline doctores cū diſcipulis ingeniū rō eloquentia:p
cepta eoxch obſeruatio:plena ſapiētia:ſana doctrina:ſalubris exhortatio
arguta deceptio:pbabiles inductiones neceſſarij filogiſmi:phie ac poetrie
ſtudium:plurimūch in mathematica:ariſmetrica: geometrie τ aſtronomie
nec ſine metrica τ richnica. Tum diuinationū ſortilege quoch cū auguriis
τ auſpicijs preterea grata τ fructuoſa facundia. Tum libri cōmenta ſcribe
eoxch officiū acuta τ propterea officia diligens omniū ſciarum vſus τ exer
citatio cū eleganti nouitatis inuentione ac ſecretoₑ intellectu ſoli diuinita
ti patentiū rarū gaudiū rare delicie tenuis voluptas tum prouidium conſi
liū:fama:rumores:ambitio magis glorie cauſe deinde queſtiones tributa
ria eraria:appotetice queſtus cum multo ſumptu ac falſitate. Mercature
parciens negociationes furta: fraudulentia:maliuolentia:ignauia:inimi
citie:timor:ſeruitus:dubij atch inuoluti affectus obedientia cuₑ ſumma in
tentione ac mitti in alienos dolores cum paſſione fratruₑ amor propulſio

legis obſeruatio verax cauſata ingrata vocis modulatio aptitudo in oĩne
artificiũ cũnctozꝗ perfectio confidenti omnium profeſſione · Poſtremo
ſuendi:radendi:pectendi:adapta manus cum ſuis inſtrumentis z artifici/
bus.Nam z fontiũ ſcaturigines amniũ decurſus aquarũ deriuationes

C Luna frigida accidentaľr interdũ calida ad lumen lucens leuis ad õa
faciens negocia:foꝛmam:gaudiũ:famam affectans:eius ſunt negocioꝛuz
inicia reges z principatus ſubſtantia cuz victualibus affectũ conſecutio in/
tentio in ſcientias legem altoꝛũꝗ contemplatiõe tum z carminũ vires va
rij motus animi ſtudiozꝗ in terrarũ atꝗ aquarũ computo ac dimenſione
debilis tamen ſenſus tenuis memoꝛia pꝛeterea matrone coniugia grauide
nutritura z nutrices matres auie maioꝛeſꝗ ſoꝛoꝛes nuncij mandata fugi/
tiui mendaciũ delatio aſſentatio omnibus motibus accomoda et accepta
nihilomĩ laus coꝛpoꝛ ſaluti ſtudioſa multũ edax parum venerea . C Dij
ergo ſtellarum ducatus vt nũquã omnes ſimul in vno coꝛpoꝛe inueniun/
tur ſic nec ex vllo vno loco ſimplici ve ſtelle habitu per diuerſa tempoꝛa col
liguntur.

℈Liber octauꝰ.8.habet capitula.℈Primum de causa partiū.℈Se-
cundū de diuistone.℈Tercium de partibus stellaruꝫ.℈Quartū de partibus signoꝛum.℈Quintum de partibus.℈Sextum de conuentu partium
℈Septimū de ducibus partium·℈Octauū de eoꝛum inuicez inuentione.
Primū capłm de causa partium.

℈Mnes stellarū ac sideree virtutis rōnem tocius tractatus se
ries continet postreme particionis est alius quidē celestis po
tentie ducatus ac secundaria viztus non in ipsis quidem stel
larū aut siderū coꝛpoꝛibus sed principalibus ducibus conse
quenti necessitate sumpte.Omnis enim antiquitas in his tri
bus ducibꝰ ꝺuenit pꝛimo stellis:secūdo signis:tercio vtroꝛꝙ
partibus ꝑ circulū oꝛdinatis:quoꝛ pꝛimi duo animi τ coꝛpoꝛis vice pꝛima
tractant consilia.Tercius moꝛe accidentis pꝛioꝛ in assensum succedit ꝙꝙ
nōnulli veterum pꝛimis omissis tercij tantū auctoꝛitatem per omnia nego
cia sequantur.Hermes tñ cunctiꝙ sequaces eius persarum babilonie atꝙ
grecoꝛ astrologi in omni negocio pꝛimo stellam naturaliter ad id ducen-
tē cum loco suo.Secundo domiciliū eius negocij eiusꝙ dñm.Tercio partem negocio attinentū cū loco atꝙ dño suo consulūt eque vt de ceteris con
uentū eius cum stellis τ respectum ductūꝙ ac transitum metientes.Unde
manifesta videt partium causa si quibus stellaris ducatus ratio constans
est idꝙ duobus modis·Pꝛimo quidem quoniam stellarum distantie quā
titatē ducatus earum inequalitas sequit vt pꝛomptius inter stellas eiusdē
ducatus patet.Quemadmodū inter solem τ saturnū quoꝛum vel ducatus
ad status ducatus patrum necessaria visa est duceꝫ distantie dimensio ad
perpendēdas eoꝛum vires omni tempoꝛe in omni negocio que pꝛima par
tium causa extitit.Secundo vero quoniā rerum modus quo sidera ducūt
non simplici aliquo ducatu perpendit verū pmixtione duū aut pluriū idē
designãtiū quidē genus frequenter in volucrū atꝙ erroꝛ consequit ne fa
cile pꝛinceps eligi possit ꝙ pꝛe ceteris sequamur aut cum dñoꝛum alter sit
diurnus alter nocturnusꝙ sicꝙ alter masculꝰ alter femina hisꝙ similia nec
multo alter altero foꝛcioꝛ hic itaꝙ negocij partem educi necessariū est que
cum alter vtrius testimonia accesserit facile assequendū ducem eligat quo
niam ergo hec distantia collecta in quemlibet circuli locum incidat necesse estex tribꝰ eas pꝛincipijs oꝛiri cōstãs ē quoꝛ duo naturalia firma terciū
mutabile ac pꝛima quidē duo sūt inter que sumunt eoꝛꝙ pꝛimū a quo ter
ciū a ꝗ numerꝰ collectꝰ incipit vbi gꝛa ab hac ad illā collectꝰ graduū nũerus
atꝙ in initio ab oꝛientis gradu aut aliunde sumpto per trigenos gradus
eductas vt steterit partis locum figit Q. aūt hic numerus ab oꝛiente distat
concipitur.Secundo vero quoniam oꝛiens reruꝫ inicijs pꝛeest iure sepius

ab ipſo iniciandũ videf. Nam quidẽ interdũ aliunde vel ab alio videlicet
domicilio aut loco ſtelle cauſa eſt ⊕ ei negocio affiniᵘ attinet quapꝛopter
ut dictũ eſt:terciũ hoc pꝛincipiũ mutabile eſt. Quoniã vero ſtellarũ omniũ
circuitus ʒodiaci axem ãbit ſicⱬ oꝛiens quidẽ per ʒodiaci gradus com⸗
putat. dicimᵘ enim vt ſtellã ſic oꝛiens in hoc vel in illo huius vel illius ſigni
gradum deduceret non vero ꝑ oꝛientiũ gradus ſunt enim de circulo vel re
cto vel verticali quoꝛũ poli a ʒodiaci polis alterutra ex parte diſtant vt eſt
recti circulo diſtantia ſicut ptholomeo placet graduum. 23. punctoꝛ. 51.

Secundũ de diuiſione.

Is itaⱬ poſitis he partes inter pꝛincipia tractatus ⱬ nume⸗
ro ⱬ nominibus diſtinguende videf. Omnes etenim quas
perſarum babylonie ⱬ egyptij auctoꝛitas firmauit in libꝛis
eoꝛ. 97. inueniunt trina ſerie diſcrete. Ex pꝛima ſerie ſunt ꝑ
tes ſtellarum. Ex ſecunda ſignoꝛ partes. Ex tercia diuerſe
ab vtriſⱬ neceſſarie tam in quibuſdaⱬ geneʒie atⱬ annaliũ
locis nec non ⱬ queſtionibus pluriſⱬ aliquoꝛⱬ negocioꝛ inicijs. ¶ Pꝛi⸗
mi generis partes. 7. ſunt numero ſingule ſingularũ ſtellarum quarũ ⱬ no⸗
minibus appellanf. ¶ Secundi generis partes. 80. numerabunf. Orientᵉ
tres pꝛima vite ſecũda ſuſtentatõis tercia ſenſus ⱬ rõnis. ¶ Scõi. iij. pꝛima
opum ſecunda mutuandi tercia inueniendi. ¶ Tercij. iij. pꝛima fratrũ:ſecũ
da numeri fratrũ:tertia moꝛtis fratrũ. ¶ Quarti. 8. pꝛima patrum : ſecũda
moꝛtis patrũ:tercia auoꝛ:quarta generis:quinta fundi iuxta hermetẽ. 6.
iuxta ceteros perſas. 7. agriculture. 8. finis. ¶ Quinti. 5. pꝛima pꝛolis:ſecũ
da hoꝛe ⱬ numeri natoꝛ:tercia pꝛolis maxime:quarta femine. Quinta diſ
cretionis vtrũ ne maſculus ſit an femina. ¶ Sexti. 4. pꝛima egritudinis iu⸗
xta hermetẽ:ſecunda iuxta belitem:tercia ſeruoꝛ:quarta captinoꝛ. ¶ Se⸗
ptimi. 16. pꝛima cõlugioꝛ viroꝛũ iuxta hermetem:ſecunda iuxta ꝃelitẽ:ter
cia qua viri feminas aliciunt:quarta euentus maris cum femina ⁊ quinta
adulterij:ſexta deſponſationis femine iuxta hermetẽ:ſeptima iuxta ꝃelitẽ
octaua qua femine viros alliciũt:nona cõuentus femine cum viro:decima
adulterij femine:vndecima caſtitatis:duodecima cõiugij vtriuſⱬ ſexus:de
cimatercia hoꝛ deſpouſationis:decimaquarta pacti ⱬ modi nuptiarũ:deci
maquinta agnatoꝛ:decimaſexta cõtrauerſiaꝛ ⱬ aduerſarioꝛ. ¶ Octaui. 5
pꝛima moꝛtis:ſecunda ſtelle neceſſitatiſ:tercia anni timendi:quarta loci pi
culoſi:quinta doloꝛis ⱬ anguſtie. ¶ Noni. 7. pꝛima itineris: ſecunda naui⸗
gij:tercia religionis:quarta ingenij ⱬ pꝛouidentie:quinta ſciaꝛũ ⱬ ſapientie
ſexta memoꝛie placitãdi ⱬ fabulaꝛ. ſeptima rumoꝛ vtrũ ne veri ſint an falſi
¶ Decimi. 12. pꝛima ptãtis nati:ſecunda patriſⱬ diſcretionis:tercia conſi⸗
liarium pꝛincipũ ⱬ regũ:quarta victoꝛie regis ⱬ facultates:quinta ſubite ex
altationis:ſexta nobilitatis:ſeptima ſequatiũ regis ⱬ militie ⁊ octaua regis

officij nati:nona opis manualis:decima mercature :vndecima opis debi
ti:duodecima matrũ.ⅭⅭⅤndecimi. 11 .prima diuiciarũ:secũda amabilita
tis:tercia noticie inter hoies z precij:quarta deliberationis:quinta delicia
rũ:sexta spei.septima amicoꝛ.octaua penurie:nona habundantie:decima
ingenuitatis animi:vndecima gratie ac bone existimationis.ⅭⅮuodeci,
mi. 3.ꝓma inimicoꝛ iuxta hermetẽ:secũda iuxta alios:tercia laboꝛis z pe,
ne:Lercij generis ꝑtes. 10.sunt numero prima est pars halgihel.secũda vi
ciosi coꝛpis:tercia strẽnuitatis z audacie.quarta feritatis z angustie in pũ
gna:quinta fraudis z doli:sexta loci negocij:septima impedimenti rerũ iu
xta egyptios:octaua iuxta persas:nona retributionis: decima veracis effe
ctus.ⅭFiunt igif omnes vt prediximꝰ.97.partim stellarũ ꝑ se:partẽ domi
cilioꝛ:partẽ absolute:ad rerũ ntitatem assumpte.

       De partibus stellarũ Laꝑ'm terciũ.

Einceps vt ꝓposuimus ordine cuncta prosequemur : atꝗ in
primis primũ genus assumentes oẽs generaliter omnis ne,
gocij partes inter geminos eiusdẽ duces firmi . Lũ igif stelle
due equaliter in naturali eiusdem rei ducatu cõueniunt fue,
ritꝗ altera vt solet interdũ vt a fortioꝛis haizen a foꝛcioꝛi in
cipiendũ erit vt sol z saturnus cũ equaliter ad patris ducatũ
ducunt suntꝗ eiusdẽ haizen ambo videlicet diurni : qꝛ sol die foꝛtioꝛ est
die ab ipso fit iniciũ.Quod si equaliter in ducatu conueniant fiuntꝗ alter
diurnus alter nocturnus die a diurno nocte a nocturno inchoabimꝰvtpo
te sol z luna cum equaliter infortune ducatu cõueniant die tamẽ a sole no
cte a luna sũmif recte iniciũ ut ille diurna ille nocturna foꝛtuna est.Luꝛ vo
die nocturne alteri altero foꝛtioꝛis fuerit ducatus ab ipso inchoabif.Quo
tiens vero ducatus signi est eiusꝗ dñi sepius a dño fit iniciũ.ⅭEst eni ois
signi ducatus eiꝰ dñi nõ vero cõuertif ꝗ tamẽ si foꝛtius ad rem duxerit in
terdũ z ab ipso fit iniciũ:deinde in cõmunionẽ assumif oriens:aut alia vel
circuli vel stellarũ loca.Sic eni collectio inter primos duces nũero adiciũt
gradus vel stelle aut loci cuiuslibet in signo sitꝗ tocius inicij a principio si
gni vndiꝗ per gradus equales.Accidit interdũ vt duꝛ stella ad domiciliũ
assũmef alteriꝰ sit eiusdẽ rei domiciliũ alterũ cõputo:verbi gratia.Oriente
cancro in quarto climate:leo quidẽ numero semp opuꝛ domiciliũ est.Lan
cri vero cõputo nõnũꝗ ꝗ cũ accidit pro eo negocio sumef : a luna vsꝗ ad
sequentẽ in cancro quo oriens illic simul z secũdo dña est nõ tamẽ vsꝗ ad
solẽ dñm leonis.ⅭPrima est pars lune inter solẽ z lunã sumẽda recte qui
dem cũ sol cunctis celestibus claꝛioꝛ diurnũ lumen generali mundi foꝛtu,
na vniuersali vite atꝗ dñe rerũ magnitudini z splẽdoꝛi atꝗ summis digni
tatibus gradibus presit:luna vero lumẽ nocturnũ proxima est post solem
claritate z foꝛtuna coꝛpoꝛibꝰeoꝛꝗ alimentis atꝗ incrementis generaliꝗ

rerū nature ac neceſſitati ōucatum pꝛebens . Qūe aū ita ſint conuenient e
equidem die a ſole ad lunam:nocte a luna ad ſolem ſumitur collectocꝗ nu
mero graduū oꝛientiū totūcꝗ a pꝛincipio oꝛientis inceptum ac per gradus
equales deductum partis locum ſigni:vt ſi quando ambo lunam in eodē
puncto reperiunt pars etiam in ipſo oꝛientis puncto conſiſtat que quoniā
lune eſt cuius quottidiana neceſſitas ꝫ vſus eadem ꝫ pars foꝛtune appel
laꝼ.Sequiꝼ aut ſecundaria vice omnino luminū virtutem ac pꝛopꝛietatem
ad animam ꝫ coꝛpus multa virtutem :foꝛmam:foꝛtunā:dignitates:opes:
ſapientiā:intellectum:cogitationes negocia:opera:rerumcꝗ initia ōncens
Obtinuit ergo pꝛo tanta virtutis elegantia vt ꝫ pars lune ſit ꝫ oꝛiens lune
nec ſine cauſa.Quociens enim tranſacto hoꝛe diei per partes hoꝛe ipſius
diei multiplicabunt. Totacꝗ ſumma a loco lune deducaꝼ aut in ipm par
tis foꝛtune locū aut certe in pꝛimū neceſſe eſt peruenire recta ſolis imita
tione a cuius loco ea ſumma per locum climatis deducta ad oꝛientis gra
dum peruenit.Igiꝼ vt luna pꝛima ꝫ vniuerſaliter in omni negocio conſuli
tur ita pars eius pꝛe ceteris oibus omni negocio accipiꝼ . ⁋Pars ſolis in
ter ſolem ꝫ lunam ſummiꝼ.Cum enim nulla ſtellarum inequalitas quantū
in ipſis eſt appareat ſolumcꝗ lune huiuſmodi altero manifeſte pateat ad
hoc nec vlla aliarum in rerum effectu ꝫ generationibus pars lunaris virtu
ti potentie merito pars ſolis tancꝗ vniuerſalis rerum patris die a cōiuge lu
na ad ſolem:nocte a ſole ad lunam ſummi debuit ſūmecꝗ oꝛientis gradib⁹
additis a pꝛincipio oꝛientis deductus numerus locū ſigni:hec eſt itacꝗ ps
cꝗcꝗ ſolis eſt cuius animi felicitas ꝫ amalgrab vocant partem celati cꝗ eſt
intrinſeci bonum· Imitaꝼ autē partem foꝛtune per omnia magis tantum
intrinſecus ſpectans quemadmoduꝫ ꝫ illa plus extrinſecam amplectitur.
Erat enim conueniens ut quemadmodum pars lune coꝛpoꝛis accidentia
deſignaret ſic ps ſolis anime pꝛopꝛietates moderareꝼ vtracꝗ in oꝛe paren
tum vtrūcꝗ cōmunicans ea ſe ratione habentes vt die quidem pars foꝛtu
ne ducatus viꝛtute pꝛecedat nocte boni ad animam ꝫ coꝛpus ad compagi
nem vtriuſcꝗ ad nature ſecreta rerum altitudinem vimcꝗ abſconditam: lō
gecꝗ remotam cum ſumma diuinitatis ſpeculatione ac legum obſeruatio
ne.Cum ad honoꝛes ꝫ gloꝛiam atcꝗ auraruꝫ temperiem ducens has non
nulli cōmutant ita vt eam que lune eſt ſoli atꝛibuant que ſolis lune ſed ra
tio que expoſtra eſt obtinuit. ⁋Pars ſaturni pars moꝛe ſūmitur die a gra
du ſaturni ad graduꝫ partis lune : nocte econuerſo adiectiſcꝗ oꝛientis gra
dibus a pꝛincicio incipit ducit igitur mutationem ſaturni ad alteram re
rum pꝛouidentiam ꝫ memoꝛiam ad ſegnitiam ꝫ deſidiam ꝫ tenacitatem
ad perditam deceſſa degradata laboꝛem: inopiam : agriculturām : edifi
cia : nauigia:maleficia:carceres : catenas:metuꝫ ſenectā:motūcꝗ moꝛtis·

¶ Pars iouis pars moralitatis ſumiſ die a parte ſolis ad locũ iouis nocte
conuerſo adiectiſcʒ orientis gradibuſ a principio inchoat ducit itacʒ moze
iouis ad mozũ compoſitionẽ gratiam z honeſtatẽ:iuſticiã:leges:honozeʒ:
dignitates:pzudentiã tempantiã:ſocietatẽ amicitiã liberalitatẽ rerũcʒ ſinẽ
¶ Pars martis pars ſtrennuitatis ſummiſ die a marte ad partẽ lune no-
cte:conuerſo aſſumptiſcʒ orientis gradib⁹ a principio inſtituiſ ducit ergo le
ge. Martis ad animoſitatẽ:maliciã:acumẽ:ſecuritatẽ:violentiã:iniquita-
tem:flagitia:crudelitatẽ:cõtrouerſias:pugnam:cedẽ:omnecʒ genus moztis acerbe.¶ Pars ueneris pars amozis ſumiſ die aperte fortune ad partem celate de nocte conuerſo adiectiſcʒ orientis gradibus a principio incipit ducit etiã moze veneris ad uoluptates:delicias:iocos:cantilenas:ami-
citiã:gratiã aptitudinẽ:ad omneʒ iocũ ſuaue dulce:omnecʒ venerij officij
genus.¶ Pars mercurij pars ingenij z memozie ſummiſ die aperte boni
ad parrem fortune nocte conuerſo adiectiſcʒ orientis gradibus a principio incipit ducitcʒ moze mercurij ad ſolertiã:intellectũ:eloquentiã:de ince
ptiones mercaturã varia ingenia:omnecʒ ſtudiũ z artificiũ ad hũc moduʒ
Partes ſtellarũ hermes inueniendas tradidit quarũ hi ſunt generales du
catus ſingulares nãcʒ pzout incidunt iudiciozʒ tractatibus reliquimus hic
vniuerſaliter de omnibus adiicientes vt ſint ſtellarũ ducatus pzo locis ac
diuerſis actionibus omni tempoze variant ſic z partiũ ducatus locozũcʒ
mutationes in ducatus diſcretionẽ magnope ſeruari cõuenit.

De partibus ſignozʒ Caplm quartũ.

Equiſ vt deinceps partes ozdinem⁹:dicem⁹igiſ ſumendi
ſingulas diuerſozʒcʒ diſſonantiã in ſumẽdo tum quid re
ctius ſit poſtremo generales ſignozʒ ducatus pmiſſis tuʒ
paucis que antea neceſſaria ſunt. Sunt eñ nonnulli qui
cum plures domcicilij vni⁹ partes inueniũt imperitie neceſſitate quadã inſumẽdũ diſcozdent. Quapzopter id ex
aminandi cauſa exponenduʒ erat.Cũ ergo plures in hoc
artificio minus perſpicaces inueniant nos hermetẽ z perſas plurimuʒ ſcʒ
mur que ſingulas ex huius ducibus in eodem naturaliter ducatu conſen
tientibus ſumunt qui cuʒ ſingula domicilia diuerſis rebus varijſcʒ modis
alios atcʒ alios ducatus pzebere vident nullam vnam partem tante rerũ
diuerſitati deſignande ſufficere poſſe intellexerunt. Quapzopter z ſingulis
pzout opus erat pluries adinuenerũt partes diuerſa domicilioʒ parciẽtes
officia.Que cum generaliter quidẽ in ipſius domiciliũ deſignatione com
municent.habent tamẽ ſpeciales ſuas z ppzietates:verbi gra. Mozs qdeʒ
genus:ſpẽs vero naturalis acerba in natura expectata repetina hiiſcʒ ſimi
lia. vnde mortis domicilio qñcʒ erant neceſſaria genere quidem cõmuni-
cantes:ſpecierum vero diſtantia diſtanteʒ:nec tñ ſingulis oim domicilioʒ

officijs sue cuiq3 tribuuntur partes vt quantum cum specialis sit numerũ et
inicioꝝ nulla tñ seorsum mrm pars nulla inicioꝝ tradita reperitur seu
ꝙ hic hꝰmodi inter ea determinarũt coma vellent seu ꝙ speciali certitudie
non inuenta generali officio relinqre mallent. Cum igitur has partes inda
genus: singulariter quidem dare rõnem longum esset. verum partim data
partim studiosi ingenij relinquimus.

ORient[is] partium prima pars vite sumitur inter ♃ ꝛ ♄. ♄ enim
ꝛ ♃ supremi stellarum ac grauissimi vt rerum statum firmant
et producunt: humane quidem vite spacio magis accomodi
reperiuntur: assumpto oriente participe ꝙ vite prest: die quidẽ
a ♃ ad ♄ nocte ꝯuerso. Ducit igitur ad vitam corporisq3 statũ
ꝛ anime: ac salua quidez ad vite impendium corporis salutez
anime gaudia spectat: corrupta ꝯtra. ¶ Secunda pars sustentationis atq3
firmamẽti: quomodo omne firmamentum ac stabilitas meliori fortioriq3
fortuna perficitur: nulla vero par ☉ et ☽ fortuna eque in anima corporisq3
natura potens quorum amica atq3 firma compages vite firmamentum est
stabilitas: die quidẽ a parte ☽ ad partem ☉ nocte ꝯuerso sumpta ab oriẽte
incipit ♀ parti cognata. Ducit autez ad nati formam ꝛ similitudinem par-
tisq3 modũ: salua quidez forme decorem corporis integritatẽ ꝛ valitudinẽ
statum decentem: habitudinẽ gratiosam: ceteraq3 id genus comoda ꝑficit
itineribꝰ quoq3 salubris ꝛ vtilis: corrupta ꝯtra: que si duci paterna accliuis
reperitur formã nati ad patris eiusve generis similitudinẽ effingit: si mr̃ne
ad matr[em] eiusve cognationis exemplar. Quotiens itaq3 discernẽdũ fuerit
firmumue maneat quodlibet an mutabile accepto primuz oriente aut nati
aut anni siue questionis eam partem amplectemur: que si fuerit in respectu
dñi sui aut cum orientis dño aliorumue cardinum pariter ꝛ accedens rem
imperpetuum firmat: remota contra. Sin aũt vt accedens pariter infortunata: firmat quidem sed detrimento ꝛ noxe: si fortunata fortune ꝛ gaudio
Sin aũt vt remota simul ꝛ fortunata: mutabile quidẽ sed deinde fortunaz
consecutaz infortunium si infortunata. ¶ Tercia sensus ꝛ rationis quoniã
☿ sunt ingenium memoria discretio eloquentia sapientia. ♂ vero acumen
vigilantia leuitas: die quidẽ a ☿ ad ♂ nocte econuerso sumpta ab oriente
incipit. Ducit igitur vterq3 mutatione ad sensum discretionem eloquentiaz
ꝛ sapientiam siq3 vel ipsa vel dñs eius cum orientis dño fuerit pariter cum
aliquo loci testimonio. ☿ forti respecta copiose rationis sũmiq3 ingenij pro
missum est: si ♂ multi acuminis ꝛ perspicacitatis.

SEcundi partium prima opum exopum ducibus sumitur: die
noctuq3 a dño scdi ad ♃. scdi incipitq3 ab oriẽte. Ducit aũt ad
questꝰ necessaria ꝛ victualia: salua quidez fructuosa: corrupta
contra. Non enim vsq3 ad diuitiarũ copias aspirat q̃ primoꝝ
j

ducum sunt.℃Secunda pars cambiendi die noctuꝗ a ♄ ad ☿ sumpta ab
oriente incipit:hec itaꝗ si et ipsa et dñs eius ad opum ducatum accesserint
simul corrupti plurima cambiendo disperdũt:salui contra.℃Tercia inue⸗
niendi die a ☿ ad ♀ : nocte conuerso sumpta ab oriente inchoat: ducit ad
casuales inuentiones eoꝗ que decidunt siue obmiscunt qui ꝗ in via alique
id genus suum loco. Si ergo potens fuerit simul cum ☉ vel ☽ aut in eorum
amico respectu pariter in cardine querenti rem casu vel obliuione perditaꝗ
inueniendam tribuit. Nam id quoꝗ hoc modo statuta mult arum inuenti
onum promissum.

Ercij partium pars prima fratrum: qm̄ ♄ ꝛ ♃ primi stellaruꝝ
ꝛ continui atꝗ ♄ virtus retentiua: ♃ generatiua que duo pri
mordia sunt omnis geniture. In omni vero generatiõe pmi
et continui sunt fratres. hermeti quidem eiusꝗ sequacibus
die nocteꝗ a ♄ ad ♃ sumenda visa: sicꝗ ab oriente incipere:
alijs nanꝗ potius a ☿ ad ♃ : sed hermetis sentencia grauior
Recte quideꝝ cum eorum vsꝗ adeo concepta sit fraterna societas vt apud
veteres licet interdum ♃ ♄ filius:nonnunꝗ tamen et fratres memorentur
ambo celi parte geniti. Ducum igitur cum domicilij sui domino ad status
fraterni societates et amicicias negocia et amicicia que sunt dño suo signa
multe plis occuparit:multos promittit fratres:pauce pauca. Sic itaꝗ fra
trum numero deprehendendo sumetur quantum interest a parte vsꝗ ad
domicilij dm̄ vel conuerso per singula signa singulos numerando biptito
si interfuerit duplicato: quotꝗ interfluũt stelle per singula singulis anume
ratis.℃Secũda numerũ fratrum die noctuꝗ a ☿ ad ♄ ab oriente incipit
hec itaꝗ cum premissa dñis suis inter signa multe paucetie prolis fratrum
numerum discerununt.Numerus aũt per signa ꝛ stellas vel vsꝗ ad annos
stellarum applicans: minores vel medios vel etiam maiores quibus etiaꝝ
respicientes iuxta annorum suorum numeros adijsciunt.℃Tercia mortis
fratrum ꝛ sororũ die a ☉ ad gradum· 10· nocte conuerso sumpta ab oriẽte
hec igitur vt mortem fratrum innuit: cum vel signorum circuitum vel per
gradum dictum quorum prima adwara sm̄ tecit vocant vsꝗ fratris ducẽ
vel sororis peruenit vel conuerso hoc aꝺ illum periculosum est.

Uarti partium prima pars patris: quoniaꝝ ♄ antiquitas:ac
masculina natura vnde patr̄ ducatum sortitur:similiter qm̄
omnis nati vite causa pater est. ☉ aũt vniuersalis animantiũ
vite auctor vnde ipse in patris ducatum concessit Die a ☉ ad
♄ nocte ꝛuerso sumpta ab oriente incipit. Et si ♄ sub radijs
extiterit vice eius succedit ♃ Sunt qui cũ id accidit eaꝝ inter
♂ ꝛ ♃ colligunt:sed hermetis auctoritas grauior: quoniã nec ☉ id ducatũ

prohibet et ♃ patris grauitati ♂ cognatioꝛ. ɥec itaꝗ cum hospicij sui dno
ad patris statum fortuniam ꝛ comoda spectat. Nam cum dno suo salua ac
pꝛospera patris honoꝛem et fortunas accumulant in comuni contra: sicꝗ
fortunati vitam pꝛoducunt coꝛrepti decurtat. ɥec etiam cum dno suo ipsi
nato quoꝗ regni ꝛ potentie dux est ⦿ Secunda die moꝛtꝭ a ♄ ad ♃ nocte
ꝯuerso sumpta ab oꝛiente incipit: ducit ad causas ꝛ occasioes moꝛtis patꝛ
Timenda quidē quotiens vel ipsam vel dnm eius anni patris consequeñ
aut eius ducem alteruter ⦿ Tercia auoꝛ die a dno ⊙ ad ♄ nocte conuerso
ab oꝛiente inchoat. Q fi ⊙ interim ♌ graditur sumitur a pꝛimo ♌ ad ♄ : fi
alterutrum ♄ domicilioꝛum a ⊙ ad ♄ nec interest vtrulibet. ♄ interim sub
radijs fuerit aut extra. ɥec ergo cum dno suo quotiens infoꝛtunia consequitur auoꝛum noxaꝛ minatur cum fortunatis salubꝛis ꝛ vtilis. ⦿ Quarta
ps genealogie sumitur die a ♄ ad ♂ nocte econuerso: adiectiſꝗ ☿ de signo
suo gradibus a pꝛincipio inchoat. ɥec itaꝗ fi cardinem tenet domino suo
respecta aut ⊙ saltim mediue celi dno ceterumue cardinum dñis amica
figura natum celsa nobilitate clarisꝗ natalibus pꝛedicat: quantumꝗ infra
substiterit tñ degñet. ⦿ Quinta hereditatū hermetꝭ die noctuꝗ a ♄ ad ☽
sumpta ab oꝛiente incipit. ɥec cū dno suo salua ꝛ pꝛospera amplitudine agri
frugumꝗ abundantiam pꝛomittit: aduersa contra. ⦿ Sexta hereditatum
persarum die a ☿ ad ♃ nocte conuerso ab oꝛiente inchoans eiusdē iudicij
⦿ Septima agriculture die noctuꝗ a ♀ ad ♄ sumpta ab oꝛiente inchoat:
pꝛospera itaꝗ ꝛ ipsa ꝛ dñis eius sementi atꝗ insitionibus fructus multiplicat
aduersa contra. ⦿ Octaua pars finis reꝛū sumitur die noctuꝗ a ♄ ad dñm
coniunctionis vel oppositionis iniciumꝗ ab oꝛiente sumit que fi cum dno
suo in signo directi oꝛtus incidit vitam actuſꝗ nati ad beatū finem pꝛoducit
aduerſi atꝗ in signis obliquis contra. Si autem variantur vt hoc in hoc fi
gnoꝛum genere: ille in illo ad eundem ducatum ꝛ modū variant: vt tamen
locus partis postremum obtineat.

Uinti partium pꝛima pars pꝛolis sumitur vt ɥermeti placet
die a ♃ ad ♄ nocte conuerso: sicꝗ ab oꝛiente deducta: quam
hechil quidez die noctuꝗ a ♃ ad ♄ sumit. Obtinuit hermes
ꝗ die parti vite: nocte parti fratrum cognata aptioꝛ sit. ɥec
itaꝗ distinctim vtrū ne habiturus pꝛolem fit quispiam steril
futurus. Si enim pariter cum domino suo in signa secunda
inciderit pꝛolem pꝛomittit: in sterilibus negat. Sic ꝛ numerum filioꝛ difter
minat inter signa multe pauceue pꝛolis hac discretioē habita: salua quidez
datam pꝛolem saluat: coꝛrupta n gat: ducit etiaz ad statū pꝛolis ꝗꝗ apud
parentes obtinet gram. Sumpto deinde quantum interest a parte vſꝗ ad
eius dñm aut conuerso ꝗ interfueꝛūt signa tot partus narrabimꝰ biptitis
tñ duplicatis singulisꝗ per singulas stellas fi que interfueꝛūt annumeratꝭ

¶Secunda pars hore nati numerumq̃ natorum vt sexus discretionis: q̃m ♃ humor temperatus. ♂ vero calor voluptarius:oisq̃ generationis causa voluptas calorẽ humori tẽperans:die noctuq̃ a ♂ ad ♃ sumpta ab oriẽte deducitur. Nec itaq̃ post premissa discretionem numerum natorx metitur Quotiens enim deinde ♃ liber z fortis hanc partem vel corpore vel radijs consequitur:partez restaurat que si in signum masculinum inciderit plures masculos edit: in femineo plures feminas. Si ergo ad secundam prolem ducit z ipsam z dñm eius consulemus:proq̃ loci comoditate narrabimus deinde partis annos minores vel medios vel etiaz minores pariter z cum respicientium additamentis. ¶Tercia pars prolis mascule que quoniam ☽ infantia ♃ proles mascula sumitur: die noctuq̃ ad ☽ ad ♃: incipitq̃ ab oriente:hanc heckil a ☽ ad ♄ sumit. Obtinuit hermes prout ♃ geniture q̃ ♄ promptius est que cum dño suo prospera nato honores z diuitiasparat aduersa contra.¶Quarta pars prolis feminee die noctuq̃ a ☽ ad ♀ cum proles femina ab oriente inchoans:hanc herchil nocte conuertit.obtinuit hermes prout vtraq̃ no.turna ☽ q̃die noctuq̃ in ducatu fortior:que pro∕ spera natura adornans honesta onubia ditat:aduersa contra:he dñe ptes pro habitudine sua in fratrem et sororem vt alteri preferatur discernunt. ¶Quinta pars sexum discernit aut nati aut nascituri aut cuiuslibet quesiti Sumpta nanq̃ die a domino ☽ ad ☽ nocte econuerso in signo masculino masculum:in femineo feminam iudicat.

Exti partium prima incomoditatis corporee atq̃ passionuz: hermetis:quoniaz omnis dolor superabundantiu qualitatu est merito ab infortunijs inquiritur die a ♄ ad ♂: nocte con uerso ab oriente incipiens.Corrupta ergo et dñs eius multe passionis grauiumq̃ morbox causa est:salua salutz ¶Scõa pars egritudinis aliorum die noctuq̃ a ☿ ad ♂ ad eadem: omnia ducens preter cronicas.¶Tercia pars seruorum:quoniam omnis cursus az seruicia z subiectiones infimarum stellarum sunt hermeti placet vt die noctuq̃ a ☿ ad ☽ sumatur sicq̃ ab oriente incipiat ita vt cum dño suo prospera seruicijs copiosus questus consequendospmittit:aduerso labore inutilem z penam parte prospera dñs aduersus questus quidẽ:sed deinde penaz:conuerso contra :hoc in signo multe prolis multam subiectionem z seruitutem intendit in sterili raram:hanc herchil nocte conuertit z zedam∕ froch die a ☿ :ad partem fortune nocte conuerso:legem hermes obtinuit. ¶Quarta captiuitatis die a domino ☉ ad ☉ nocte a domino ☽ ad lunam sumpt a ab oriente inchoat:hec libera fortunatis iuncta:familiariter cons stens captiuitatem omnemq̃ huiusmodi angustiam vitat:corrupta penis z cruciatibus inuoluit.

Eptimi partium prima desponsatiõis viri:qm ♄ primacia
ac nata mascula: ♀ feminea. Masculus vero prior femia
permes die noctuꝗ a ♄ ad ♀ sumēs ab oriente deducēs
pec itaꝗ cū dño suo viri coniugia tractat. Salua quidez
honestꝭ z egregijs thalamis ditans:corrupta contra:qm
♃ fortis aut radios consequitur desponsationē cõstituit.
℄Secunda welitis die noctuꝗ a ☉ ad ♀ sūpta ab oriēte
incipit. Parum duarum prima pars qua viri feminas alliciunt. ℄Tercia
pars coitus viri similis. ℄Puic similis est quarta pars adulterij atꝗ forni
cationis viri. Omnium igitur simplex hec via. Libere siquidem z prospere
suis queꝗ officijs vtiles ac salubres:aduerse contra. ℄Quinta z sexta que
in connubio femine sumitur. Permes primam que viri connubio data est
conuertens recte eiusdez etiam iudicia in huius serū transfert. ℄Septima
eiusdem rei welitis die noctuꝗ a ☽ ad ♂ sumens ab oriente instituit quaz
ceteri per se nocte conuertunt. ℄Octaua z nona welis harū duarum pma
pars qua femine viros alliciunt. Secunda pars coitus femine silis eiusdē
℄Decia est pars adulterij atꝗ fornicatiõis femine:silr z harū oim simplex
consilium. Nam salue quidem suis queꝗ officijs comode:aduerse contra.
℄Undecima pars castitatꝭ femine die noctuꝗ a ☽ ad ♀ sumpta ab oriēte
inchoat que signo firmo reperitur dño suo respecta: aut saltim fortunatis
castam ac modestam parit biptito fortunata respecta ♀ quidem indulget
incestam inde cohibet. In tropico fortunatꝭ visa effreni ardore damnat:
nisi quantum fortunate castigāt. Nam si pariter infortunijs eiusdē alienis
incontinentem edit ac forsan inuerecundam stortum. ℄Duodecima pars
coniugij vtriusꝗ sexus sumitur die noctuꝗ a ♀ ad gradum cardinis occi-
dentis:incipitꝗ ab oriente que si infortunijs iuncta reperitur z respecta in
fausti federis omnium cuius dño aduerse locato si pariter ♀ ♄ corrupta:
aut sub radijs nunꝗ iunguntur. ℄Terciadecima pars hore coniungendi
die noctuꝗ a ☉ ad ☽ sumpta ab oriente inchoatꝗ quā cum ♃ fortis corpore
aut sub radijs consequitur coniugij dies instituitur eis dico quibus natale
fundamentum consistit. ℄Quartadecima pars ingenij atꝗ studij compo
nendi coniugium: die noctuꝗ a ☉ ad ☽ sumpta a ♀ deducitur que pspera
id studium ad optatum finem perducit:aduersa contra. ℄Quintadecima
pars natorum die noctuꝗ a ♄ ad ♀ sumpta ab oriente incipit que cū dño
suo fortunata honestis clarisꝗ natis adornat:infelix cõtra. ℄Sextadecia
pars controuersie die a ♂ ad ♃ nocte conuerso sumpta ab oriente incipit.
Que si in oriente aut cum dño eius reperitur:aut in aliquo cardine natum
litigiosum portendū:sicꝗ pariter corrupta litigijs damna z suplicia minat
Si vero cum dño in oriente oratorio officio dignitates consecuturum.

O Ctaui partium primam partem mortis: quoniam ☽ corporũ conditionem ducit: octaua mortem: ♄ vero interitus: dolor angustia ⁊ luctus Hermes ex his tribus eliciens die noctuq; a ☽ ad gradum octaui sumptam: adiectisq; ♄ gradib⁹ a principijs ei⁹ signi instituit. Hec itaq; si ⁊ ipsa ⁊ dñs eius corrupti sunt beniuolarum respectu mortez acerbam minantur: liberi vero mitez: hanc alij inter ♂ ⁊ ♄ legunt Hermes obtinuit. ¶ Secunda ꝑs stelle necantis: q̃m orientis dñs animam ducit: ☽ corpus quo compages vita est solutio interitus: die a dño orient ad ☽: nocte conuerso ab oriente inchoat: huius dñm si ☽ sola respiciens signum sectorum membrorum occupat ꝑiter corrupta necat: libera de memoris truncat. ¶ Tercia pars anni metuendi die noctuq; a ♄ ad dñm coniunctionis aut oppositionis sumpta ab oriente inchoat. Hec itaq; atq; dñs eius cum domino orientis corrupti natos frequentes morbos corporis lesiones opum damna minantur quã cum annus nati consequitur aut illa ad oriens eiusue dñm vel signorũ circuitum vel per gradũ ductum ꝑuenit minarũ effectuz instaurat. ¶ Quarta pars loci metuendi die a ♄ ad ♂ nocte conuerso sumpta a ☿ signo incipit Hec cum orientis dño infelix in eo signo ducatus sui officiũ tractat. Itaq; cum vel annus nati ab oriente ad eam partem applicat: aut conuerso pars ad oriens eiusue dñm vtrolibet applicationis genere peruenit crebris difficultatibus: hominẽ grauibusq; impedimentis inuoluit: huc si infortuna accedunt decrementi passionem: atq; supplicij mina ei presertim loco cum ei⁹ signi ducatus preest. ¶ Quinta pars angustie die a ♄ ad ☿ nocte conuerso sumpta ab oriente inchoat. Hec cum dño suo infelix: quotiens anno nati deprehenditur aut ipsa illum grauiter aduersat̃ nisi fortunate intercedant que si fortes fuerint deinde liberant. Hec si in natali cum orientis domino reperitur omnem vitam infaustam deducit.

N Oni partium prima pars itineris die noctuq; a dño noni ad gradum noni sumpta ab oriẽte inchoans nati itinera metit itinerumq; negocia. ¶ Secunda pars negocij die a ♄ ad. 15 gradum ♋: nocte conuerso sumpta ab oriente inchoat. Hec cũ in signis aqueis nauigijs fecundos ꝑat questus: corrupta metu et pericul' damnat in eo gradu cum ♄ reperitur ipse est orientis gradu vicem suscipit. ¶ Tercia pars religionis die a ☽ ad ☿ nocte conuerso sumpta ab oriente incipit. Hec cum dño suo orientis dño iuncta dumtaxat libero vitam nati religionez ⁊ honestatẽ ornat: corrupta contra ¶ Quarta pars ꝓuidentie die a ♄ ad ☽ nocte conuerso sumpta ab oriente inchoat. Ducit aũt assensum memoriam discretionem prouidentiam ꝓprie ♄ orientali suꝑ terram sua recepta aut ☽ potenti amice respecta ¶ Quinta pars scientiarum: q̃m ♄ firmamentũ ⁊ memoria: ♃ prudentia ⁊ intellectus

Mercurij ingeniū scripture ⁊ eloquentie recte ex his tribus sumif die a saturno ad iouem nocte cōuerso:atꝗ a mercurij signo deducta ad alterā sapientiā artificia variasꝗ scientias ducit magisꝗ salus ducibus:his fortib⁹
amice recepta.⁋Sexta fame ⁊ historiarū die a sole ad iouē nocte cōuersa
sumpta ab.o.inchoat que in cardine mercurio aut veneri aut oziētis dño
respecta:historiarū atꝗ rumoꝝ capacitatē acuit memoriā firmat ꝓnuncia-
tionē expedit.⁋Septia rumoꝝ inter verū ⁊ falsūm discretiōis die noctuꝗ
a mercurio ad lunā ab.o.inchoās que cum in cardine aut signo firmo seu
directi oꝛ tus reperif verū indicat minus aliter.

Ecimi partiū prima principatus ⁊ potentias nati qm̄ sol
lumē diurnū nati vite honoꝛi atꝗ potētie ꝑest : luna vero
nocturnū:secunda vírtute solē sequens. Ex his atꝗ prin-
cipatib⁹eoꝝ sumif die quidē a sole ad principatū nocte a
luna ad eius principatū sicꝗ ad oziētē deducif : hec ergo
si in sumo aut cū stellis fortib⁹ familiariter consistentibus
reperif nato principatū grauēꝗ potentiam ꝑmittit . Qꝛ si
die sol nocte luna principatus sui gradum occupauerit cum gradu oziente
ducatū obtineret simul itaꝗ si familiariter constiterint suisꝗ officij ꝑticipes
honoꝛis ⁊ potentie promissuꝝ.⁋Secūda regis die a marte ad lunā nocte
cōuerso sumpta ab.o.inchoat hec cum dño salus ozientis atꝗ decimi domini ꝑmixta aut regē magnū parat aut virum reginee auctoꝛitatis ⁊ reuerentie.⁋Tercia consiliū regis atꝗ primatū curie:quoniā mercurius in dā-
do ⁊ accipiendo scripturis eloquētie ⁊ consilijs ꝑeest. Martis aūt vis mi-
ne iniurie terroꝛ atꝗ toꝛmenta die a mercurio ad martem nocte conuerso
sumpta ab.o.inchoat prospera igif ⁊ dñs eius ⁊ ipsa cum ozientis dño nato eiusmodi officia atꝗ dignitates offerunt.⁋Quarta regis ⁊ facultatum
atꝗ victoꝛie eius die a sole ad saturnū nocte cōuerso sūpta ab.o.inchoat.
Qꝛ.s.sub radijs sit iupiter vicem suscipit hec quoꝗ nato regi honoꝛ ⁊ dux
est magisꝗ duci dño ꝑmixta atꝗ oziētis in eius signo si pariter oziētis domino testimonium fuerit cuncta optata demum consequenda promittit .
⁋Quinta subite exaltationis die a saturno ad partem fortune nocte conuerso ab.o.inchoat que si tam ozienti ꝗ̄ foꝛtunatis accōmoda exiterit na-
tū subito eleuat.⁋Sexta auctoꝛitatis magnꝗ nomis die noctuꝗ a mercurio ad solē ab.o.inchoans graui auctoꝛitate ⁊ amplitudine nati ꝑredi-
cat.Qꝛ si cum stella. 10.participe reperif diuicias amplasꝗ potentiā ma-
chinaf.⁋Septima curie regis ⁊ milicie die a marte ad saturnū nocte conuerso sumpta ab.o.incipit si cū dño suo ozientis dño miscef nati curie regis inserit.⁋Octaus regis atꝗ operis nati quoniā saturni laboꝛ lune offi-

cia die noctuͥq̑ a saturno ad lunam sumpta ab .o. incipit que prospera cuͥ
dño suo regnuͥz z potentiã parat sicͥz pariter in geminis aut virgine egre
gia opera celsaͥz artificia. ¶ Nona mercature aut manualis operis die a
mercurio ad venerem nocte conuerso ab .o. inchoat ducit igiͥ cum domino suo ad artificiuͥ officia pulchͥor natiͥz operis vt sunt artificia z id genus cum lanifica preciosa vestiuͥͥz z ornamentoͥ apparatus his similia.
Tum etiam gemmaruͥ z specieruͥ diuersorumͥz genera mercatura. Ω cuͥ
dño suo orientis dño permixta subtili manuuͥ aptitudini questus z honores promittit. ¶ Decima mercature iuxta alios persas aperte solis ad par
tem lune nocte conuerso ab .o. inchoat hec cum premissa in respectu mercurij cum receptione natuͥ mercature officio additum sicͥz pariter prospe
re mercaturis copiosos questus aduerse contra. ¶ Undecimi ineuitabilis
operis die a sole ad iouez nocte ab .o. inchoat que orientis dño permixta
nato necessitati operando imponit atͥz in patienͥ ocij animi. Sic igitur
prospera questus aduersa damna parat.

¶ Ndecimi partiuͥ. ¶ Prima pars diuiciaruͥ potestatis z quoniam partes luminuͥ originis sue rationi ceteris omnibͥ virtute preeminent recte die a parte fortune ad partem boni nocte conuerso sumpta ab .o. inchoat: hec cum fortunatis in loco suo recepta magisͥz in .10. aut .11. infortunijs auersis nato perpetue fortune diuiciaruͥ z honoris fundamentuͥ. ¶ Se
cunda gratie atͥz honoris recte vt prima atͥz ex eisdem luminuͥ partibus
sumpta si cum fortunatis aut in earum domicilijs seu principatu siue, trige
no reperiͥ natum amabilem z dilectuͥ multa replet gratum infortunijs vero eisdem ex partibus odiosum. ¶ Tercia reuerentie z auctoritatis die a p
te fortune ad solez nocte conuerso sumpta ab .o. inchoat que si soli atͥz ioui recepta aut ceteris fortunatis pariter z dño orientis amice respicientiͥ
natum summa reuerentia z auctoritate tam coram principibus ͥͥ pro po-
pulo predicit de quibus quantuͥ defuerit tantum infra subsistet. ¶ Quarta
deliberationis die a parte fortune ad iouem nocte conuerso sumpta ab .o.
inchoat que cum orientis dño aut in eius respectu salua natum rõnabili
deliberatione in rerum dispositione ad summaz auctoritatem z honorem
effert potiusͥz fortunatis respecta: infortunijs vero sine orientis dño contra. ¶ Quinta voluptattum z deliciarum die a parte fortune ad partem fu
turoruͥ nec conuerso ab oriente incipit quam si locus saluus tenet conse
cuturuͥ desideria z supaturuͥ sed aduersos subcubituruͥ tradit. ¶ Sexta
spei die a saturno ad venerem nocte conuerso sumpta ab oriente inchoat
hec cuͥ dño suo felix in loco suo prospero omnͥ spem producit aduersa cõtra

℃Septima amicitie quoniã oẽ frequens officiũ p̃sertiȝ lune ȝ mercuriȷ q̃ inter amicos plurimũ variaꝼ die noctuȝ a luna ad mercuriuȝ sũpta ab.o. inchoat hec cuȝ dño suo ȝ re ȝ loco salua pariter in signis tropicis q̃plurimos sociat amicos. Sicȝ pariter ȝ ipsa ȝ dñs eius felices his amicitijs nõ solum honestatẽ verũ amplissimas etiã vtilitates pollicer sicȝ deinde simul ȝ recepti eas amicitias ȝ societates internis p̃petuis beniuolentie vinculis ℃Octaua necessitatis die noctuȝ aparte celati ad mercuriũ ab.o. inchoaꝼ ducit ad mutuã amicoꝛ ac socioꝛ beniuolentiã ac caritatẽ huius atȝ oziẽ tis dñi alter in alterius exitio aut casu siue in signis inimicis nato grauem penuriã ac difficilẽ egestateȝ minanꝼ. ℃Nona habitudinis die noctuȝ a luna ad mercuriũ ab.o. inchoans hec cũ dño suo partim fortune oziẽtisȝ dño per mixta natũ opum habundantia ac deliciaꝛ affluentia beat.℃De cima ingenuitas animi ȝ libertatis die a mercurio ad solẽ nocte conuerso ab.o. inchoans que si fortunatis iuncta aut respecta maximeȝ ioui aut so li amice ligata reperiꝼ ȝ ipsa ȝ dñs eius insignis ingenuis egregiũ natuȝ in genio nobili animo celsa amplaȝ ingenuitate p̃edit: infortunijs impedita contra. ℃Undecima gratie ȝ familiaritatis die a ioue ad venerẽ nocte cõ uerso ab.o. inchoans hec cũ dño suo fortunatis maximeȝ ioui iuncta vel respecta natũ amabilẽ ȝ in omni officio gratiosum reddit: infortunijs reté ta contra.

Uodecimi partiũ. Prima pars inimicoꝛ iuxta quosdaȝ die noctuȝ a saturno ad martẽ sumpta ab.o. inchoat. Secũda pars inimicoꝛ sm hermetẽ die noctuȝ a dño domͦ inimico rum in gradũ domus inimicoꝛ ab oziente inchoans he due in tetragono aut oppositione dñoꝛ suoꝛ aut dñi oziẽtis na to plurimos irritant inimicos. Tercia labozis ȝ pene die no ctuȝ apar e celati ad partẽ fortune natuȝ grauibus ȝ inutilibus damnat laboribus.

Unc ea q̃ extra stellarũ atȝ domicilioꝛ ozdinẽ seozsuȝ necef sitate quadã adhibite tractaꝼ exequi ozdo postulat. Equibͦ prima ps halhileg cuiͦ inuentioni primũ discriminari ꝯuenit vtrũ cõiũctionẽ an oppositionẽ natͦ sequaꝼ. Quo facto vtra libet p̃cesserit ab eius gradu atȝ pũcto vsȝ ad gradũ ȝ pun ctũ lune sumpta adiectis oziẽte gradibͦ a principio inchoa bit hec igiꝼ ȝ ipa halhileg p gradũ ductũ ȝ p signoꝛ circuitũ p̃duceꝼ. Sicȝ vt ad vtrãlibet stellaꝛ applicãt ex natura ȝ effectu afficit aput infoztunia q dẽ difficultatibͦ atȝȝ incõmodis vñ nõnullis ex eis q̃ artificio opaȝ dabãt cũ hac ignozata diuersoꝛ inuita p diuersos terminos casuũ tõ pleruȝqȝ con staret:nec tñ ceteris circũspectis singuloꝛ cãm rep̃hendcrent : hanc tandeȝ aduerterunt sicȝȝ per ozdinẽ p̃ducentes vsitatis ceterarũ expimentis huic

.pximã poſt alhileg per motus ac ſpei loca τ tempa auctozitatē intellexerūc
⸿Secūda cozrupti ac mozbidi cozpozis die a parte fortune ad marte no/
cte cõuerſo ſumpta ab oz incipit hec cũ ozientis dño ſi alhibetu aut i ſigno
humido natũ groſſe habitudinis ac mozbidũ edit. Si vero pzeter ozientis
dñm cum marte aut mercurio tenere habitudinis: nec minus cozrumpiſ
⸿Tercia milicie die a ſaturno ad lunã nocte cõuerſo ſũpta ab. o. inchoat
quod parti regis partiꝗ opis nati ac ſenſus τ puidentie cõueniēs eēt hec
in exagono martis aut iouis aut infoztunioꝛ domiciliis foztibꝰ recepta na
tuz feritate graui belli cãm indicat.⸿Quarta audacie in die a dño aſcrĩtis
in D nocte conuerſo ab oziente inchoat: hec ſi in aſpectu ♂ vel ♃ fuerit ani
moſitatem audaciamꝗ tribuet.⸿Quinta fraudis doli aſtucie omniumꝗ
id genus mercurialiũ virtutũ que qm anime ſunt parſꝗ celati p ceteris ad
aiam faciēs ſumif die a mercnrio ad partē celati nocte cõuerſo ſicꝗ ab. o.
inchoat hec ozientis dño pmixta natũ eiuſmodi virtutibꝰ inſtituit. Itaꝗ
pzoſpera quidez cõmoda:aduerſa contra.⸿Sexta loci negocij quoniã in
oi negocio plurimũ infoztunata meciunf.Mercurio autē in dñij negocio
participatio ex his tribꝰ ſumif die noctuꝗ a ſaturno ad marte ſicꝗ a mer/
curio inchoat.Que ſi die marte nocte ſaturno libera repiŧ negocij pzouen
tum indicat τ effectũ contra cozrupta.Adhibeŧ principaliter atꝗ ſingula/
riter eis negocijs quoꝛ genus indiſcretũ nomenꝗ ignotum ỹt ſit in tacitis
queſtionibꝰ:nam incertis ſuis eiuſꝗ ducibꝰ pticipat⸿Septima neceſſitaŧ
τ obſtaculi iuxta egiptios die noctuꝗ a marte ad gradũ partſ fratrũ ab.o.
inchoans.⸿Octaua iuxta perſas die noctuꝗ a pte amozis ad mercuriuz
he due cũ infoztunijs pzopzie cũ ſatur no pariterꝗ uel ipſo vel dño eius ozi
entis dño pmixto natum in negocijs ſuis inuoluerit atꝗ impediunt graui
buſꝗ paſſionibus vacuo laboze damnofisꝗ decremētis afficiũt.⸿Nona
remunerationis die a marte ad ſolem nocte ɔuerſo ab.o. incipiens hec in
cardine aut accedenti cum ozientis dño natum dapſilem multeꝗ remune
rationis pzedicat aliter in gratum.⸿Decima veracis operis die a mercu
rio ad mãrte nocte conuerſo ſumpta ab. o.inchoalis hec accedens τ pzo/
ſpera natum in omni actu ſuo fidelem re ctũ veracem ipſiꝗ omnia recte p
uentura iudicat accedens aũt τ aŭuerſa recte pzouētura ſed damnoſe.re
mota ỹo vel in ſigno mobili nec etiã explic aturũ aliqd omni igiŧ ſua eiuꝗ
officia τ ducatus p diuerſos tracratus in geneſia annalibus queſtionibus
operum atꝗ negocioꝛ inſtitutionibus pzout incidũt diuerſi autozes exe/
quent:nec enim vniuerſos ducatus oĩm vnũ aliquid volumē ɔtinet.Qua
pzopter τ nos generales tantũ hic.Nam ſingulas locoꝛ τ cõſtellationum
varietas indicat nec in tantũ vſꝗ a rõne theozice digredi fas erat excepto
quantũ reſtat quod ỹt locus exigit expeditũ.Non longe abhinc tractatus
fine cõcludet.Hic albumaſar ỹt pluriꝗ faciunt ſeu multitudinis cauſa ſeu

vt minus diligentibus satis faciat omniũ partiũ numerũ a primordio reite
rans omniũ inuentionez ternãꝗ originẽ denuo instaurat. Quod ne nimia
beniuolentia nimiã pararet prolixitatẽ. Nos tãꝗ nil faciens transeunduz
durimus :cũ nil quippe alius nec aliter ꝗ dictũ est oportet. Nam si minus
iudicaf exemplari in singula sua lecto industrie concessiurũ oppinor. Qua
propter ad sequentia transeamus.

De conuentu partium.

Is itaꝗ dispositis de conuentu partiũ exponendũ aliquod
vider duobus eni modis accidit plerasꝗ in eisdem conueni
re locis :aut ex eo ꝙ eodẽ modo atꝗ ex eisdem principijs sũ
munf :aut ꝙ licet diuersa habeant principia eiusdẽ tamẽ nu
meri atꝗ termini in eadem incidũt loca atꝗ he quidẽ locis
cõmunicent proprios tamen non relinquunt ducatus. Uer
gratia pars veneris pscꝗ vite in idem punctũ incidũt :huic si venus testaf in
parte vite ad mẽbroꝗ perfectionẽ corporis salutẽ τ fortunã in propria ve
parte ad amorẽ delicias τ voluptatẽ spectat atꝗ in hunc modũ.

De ducibus partium.

Unc duces partiũ generales sequemur Nam spãles p quaꝛ
cũqꝗ dignitatũ quibus incidunt officio in eis libris quib° ar
tificiũ instituif altius indagamur. Primũ itaqꝗ signo partis
circuliꝗ loco notato cõsequenter pspiciendũ est singularive
ducatu fruaf an plurali habere nãqꝗ potest duces post vnuꝝ
duos vel tres non plures vnũ quidẽ vt pars itineris cum do
micilio itineris incidit ipsum trĩ eius signi dominum sicqꝗ per cetera duos
cum alibi alterum scilicet itineris dominũ alteꝛ signi cui incidit: habet aũt
τ alter duos cũ inter duos sumpta in alterutrius domiciliũ incidit quoꝛũ
prior dñs eius. Nam extra utriusqꝗ domicilia vsqꝗ ad tres peruenit duos
scilicet inter qnos sũmif terciũqꝗ dñm eius partis igif virtus integra est cũ
eam vnũ sequif ducẽ ipsius respectu iuuaf. Ea vero que duos aut vtriusꝗ
aut eius saltem cuius domiciliũ possidet. Nam ea que tres aut omniũ aut
saltem plurimũ τ forciorum. Non tamen eque virtutis vt vterꝗ vel omni
bus respecta sed proximi. Quibus quantũ defuerit tante debilior ꝙ vt re
spiciũt si aut in casu suo fuerint aut retrogradi :hisꝗ similib° impediti par
tis ducatum debilitant infectũqꝗ relinquunt. Respectus itaqꝗ si amicus est
optata libere spondet. Inimicus vero rei dono passiones miscet accedunt
τ stelle naturaliter ad partium ducatũ spectantes :vt parti operuꝝ si dñi sui
respectus defuerit accedet iupiter parti despõsationis ven° :seruicij mercu
ri° :sicꝗ p cetera. Qꝛ si respiciũt dũtaxat fortunati τ recepti 'atꝗ in cardine
partis effectũ parãt lꝫ nec duꝝ integre necꝗ id si nõ alienũ amminiculo ho
mis quidẽ nõduꝝ in aliqua sua dignitate sint :ignoti vero si extra. Si vero

aut infelices aut incozrupti fint aut nõ recepti aut remoti rem quidẽ fimi,
lant nec tamẽ perficiunt. Igif impediẽs fi fatnrnus eſt ideoqz retrograd⁹
inimicos impedimẽto ꝑtendit: mars cõtrouerfias:mercuri⁹infelix merca
turã aut fcripta:luna aliquos rumozes:ven⁹ mulierũ genus: fol iura ꝓin,
cipiũ:iupiter iudiciũ vl'legẽ:caput ꝟo de magnatib⁹aliqõ: cauda de vulgo

De eoꝛ inuicẽ inuentione.

Oſtremo inter hoſ oẽs hos duces alioꝛ ex alijs loca deꝓẽ
hendẽda. Eſt enĩ oino quaterna oĩm partiũ ſubſtantiũ poꝛ
eſt dux a quo numeri ſumif iniciũ:ſecũdus ad quẽ: terci⁹ eſt
locus a quo:quartus eſt in quẽ incidit. Sunt igif oẽs hij ea
ꝗdinuicẽ cõſtituti vt tribus determinatis duoqz ducib⁹. Si
foꝛte ozientis gradus ignozaf ſumef qⁿtũ aut eſt a tercio
ad quartũ a ſecundo duce cõtrario deducef. Unde ad ꝓimi locum ꝑueni
re neceſſe eſt. Lũ aut ex tribus alijs ſecũdũ inſequimur ſumef itẽ quantum
intereſt a tercio duce ad quartũ deductũqz a ꝓimo ꝑ ozdinem ad ſecundi
gradũ ꝑuenit. Exempli cauſa ſole ꝓimo duce. 18.gradus arietis tenen,
te luna. Secũdo. 20. leonis. Tercio geminis ozĩẽtis gradu. 15. Quarto ꝑ,
tis foztune loco in. 18.libze gradu. Itaqz ſi ex reliquis ozientis gradũ inue
ſtigamus ſummim⁹a ſole ad lunã ſiuntqz. 123.gradus. Lotũ igif a gradu
ꝑartis contra ſignoꝛ ozdinẽ deducimus.vnde in. 15.geminoꝛ ꝑuenire ne
ceſſe fit.Si ꝟo ex reliquis ſolẽ legimus ab ozient(gradu ad ꝑartis locum
ſiuntqz. 123.gradus qõ a g adũ lude contra ozdinẽ deducti ad. 17. arie,
tis gradũ ꝑueniunt. Nam fi lunã ex religs indagamur ſumim⁹itẽ ab ozien
tis gradu ad ꝑart(locũ ſiuntqz. 123.gradus.Lotũ igif a gradu ſolis ꝑ oz
dinem deductũ ad.20.leonis gradũ ꝑuenit.

Opus introductozij in aſtronomiã albumazaris abalachi explicit feliciter
Erhardi ratdolt mira impzimendi arte:qua nuper venetijs nunc auguſte.
vindelicoꝛ excellit noiatiſſimus.7.Idus Febzuarij. 1489.